AIRE
03
I0068765

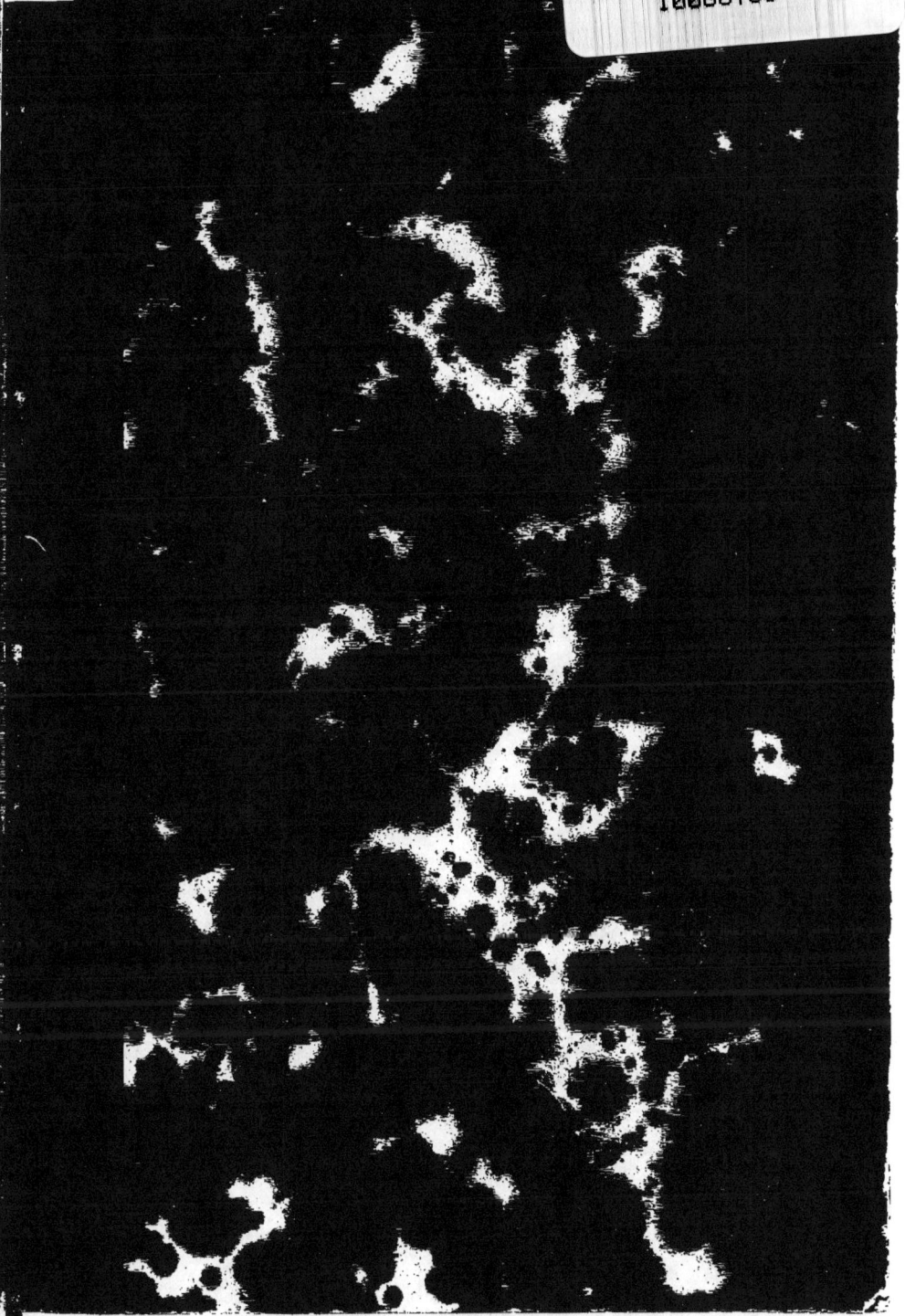

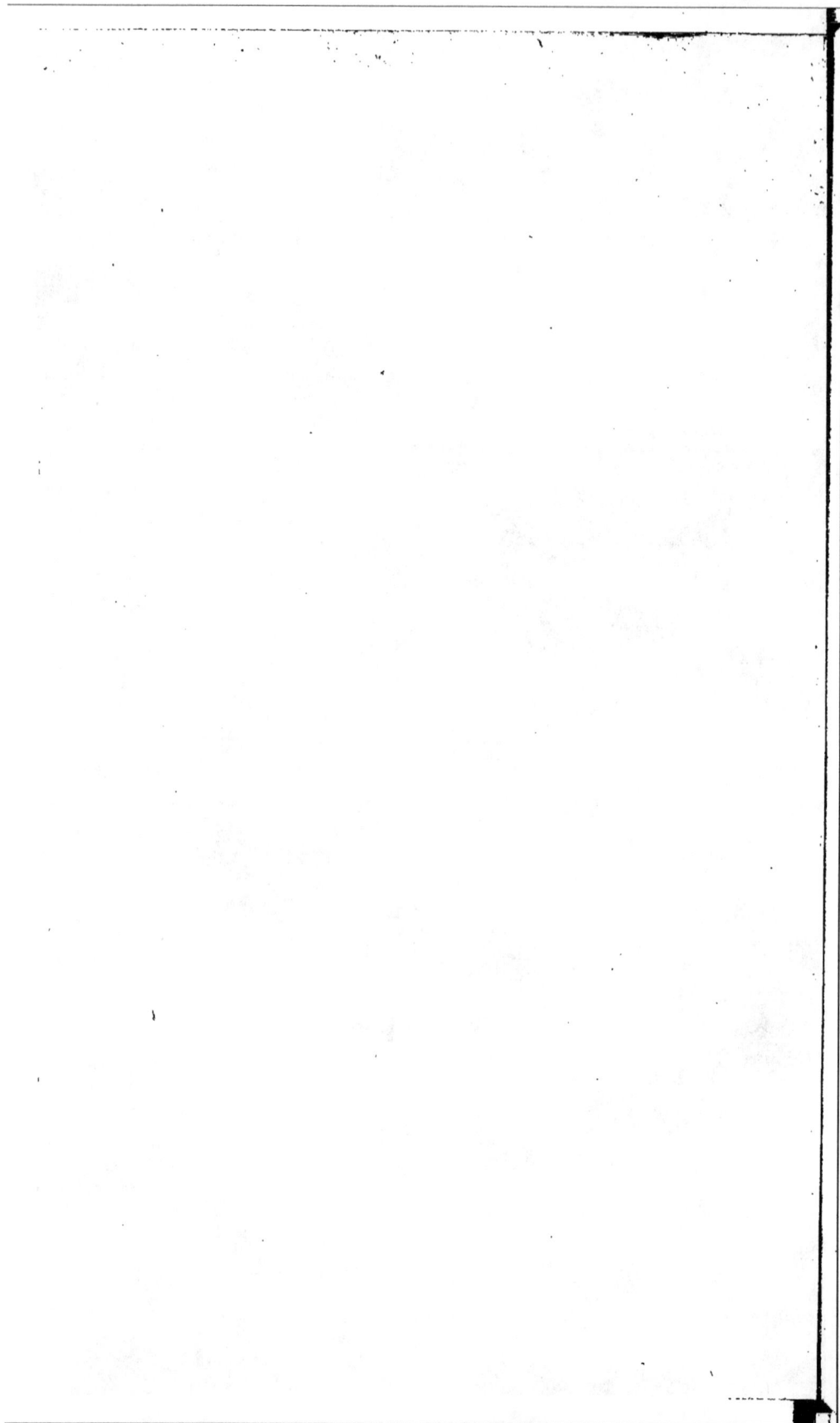

(C.)

33103

TÉLÉGRAPHIE ÉLECTRIQUE

Imprimerie de Gustave GRATIOT, 11, rue de la Monnaie.

TÉLÉGRAPHIE ÉLECTRIQUE

SON AVENIR

POSTE AUX LETTRES ÉLECTRIQUE

JOURNAUX ÉLECTRIQUES

SUIVI D'UN APERÇU THÉORIQUE DE TÉLÉGRAPHIE

PAR MM.

L. BREGUET FILS

Constructeur des appareils de l'administration télégraphique
Membre du bureau des longitudes

ET

V. DE SÉRÉ

Directeur du télégraphe à la gare du Nord

BIBLIOTHÈQUE NATIONALE R.F. IMPRIMÉS

PARIS

LIBRAIRIE SCIENTIFIQUE-INDUSTRIELLE

DE L. MATHIAS (AUGUSTIN)

QUAI MALAQUAIS, 15

1849

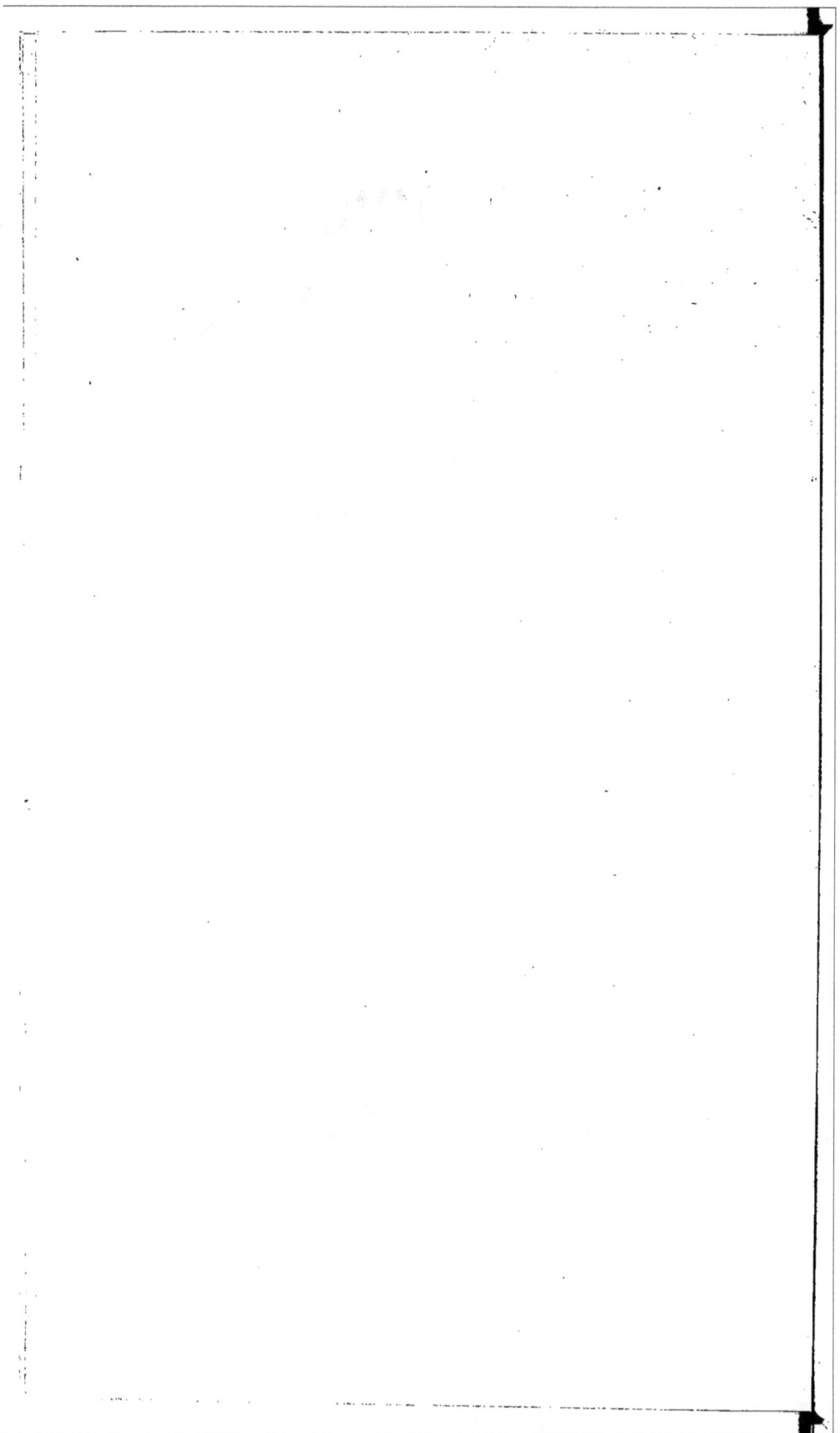

INTRODUCTION.

Comme les tendances de l'époque et du gouvernement semblent conduire à établir prochainement une télégraphie électrique pour le service des particuliers, on peut, dans le but d'éclairer la question et d'appeler l'attention du public sur cette admirable découverte, supposer la télégraphie électrique établie pour le service du gouvernement et celui du public, déterminer sa puissance et rechercher les avantages qu'elle doit procurer au pays.

On peut comprendre encore les considérations morales et politiques que l'État doit nécessairement examiner, mais laisser ces considérations et la question d'opportunité à l'appréciation du gouvernement.

Les premiers essais du télégraphe électrique ont eu lieu en France, en l'année 1845, de Paris à Rouen. Le service officiel a commencé sur cette ligne le 1er novembre 1845 [1].

Les auteurs de cette brochure ont suivi, à partir de cette épo-

[1] Les premiers essais eurent lieu sur la demande de l'administrateur en chef des lignes télégraphiques, après le voyage que le gouvernement l'autorisa à faire en Angleterre pour étudier la télégraphie électrique.

que jusqu'à ce jour, la marche progressive et le développement de la télégraphie électrique.

L'un, membre de la commission qui fit les premières expériences, a traité la question scientifique ; il a construit et perfectionné les appareils dont se sert l'administration télégraphique ; il a encore établi ceux qui se trouvent sur les chemins de fer du Nord et de Montereau à Troyes pour l'usage particulier des compagnies, ainsi que les appareils de secours sur les chemins de Versailles et de Saint-Germain.

L'autre, directeur du télégraphe, envoyé par l'administration télégraphique, d'abord à Rouen (en août 1845), ensuite à Amiens (janvier 1848), pour l'ouverture de la ligne électrique du Nord, et dernièrement à Paris (avril 1849), pour l'installation du service télégraphique à l'usage de la compagnie du chemin de fer du Nord [1], a pu apprécier, par la pratique et l'expérience, la puissance du télégraphe électrique appliquée aux divers genres de transmission.

Nous sommes donc autorisés à penser que le public voudra bien considérer cet écrit comme une chose sérieuse, faisant connaître les résultats pratiques rendus désormais incontestables, par une expérience journalière de quatre années.

Paris, le 15 juin 1849.

BRÉGUET fils,
Constructeur de l'administration télégraphique,
Membre du Bureau des longitudes.

Victor de SÉRÉ,
Directeur du télégraphe
à la gare du Nord.

[1] Le gouvernement a autorisé ce nouveau service en mars 1849.

BUT DE CETTE NOTICE.

Voici, en quelques mots, le but et le résumé de cette brochure. Elle démontre que le télégraphe électrique donne les moyens :

1° D'établir une poste aux lettres électrique, complétant la poste aux lettres ordinaire, pour rendre au public les services qu'il ne peut retirer de cette dernière ;

2° De créer une publicité électrique qui doit doter la France de journaux imprimant, *à la même heure,* toutes les nouvelles du jour, à Paris comme en province ;

3° D'expédier par le télégraphe les affaires d'administration intérieure que l'on expédie journellement par la poste, et d'arriver ainsi à une centralisation perfectionnée qui réalise les bienfaits d'une décentralisation véritable sans en avoir les inconvénients;

4° De donner naissance à de nouvelles branches de revenu pour le trésor public[1].

[1] Ces avantages ne peuvent s'obtenir aujourd'hui que sur les 135 lieues que parcourent les lignes électriques actuelles; mais on peut en construire, sur les 250 lieues de chemins de fer en activité de service qui sont privées de communications télégraphiques, de manière à avoir 400 lieues de lignes électriques en 1850, et les étendre plus tard sur toute la France.

En 1849, le maximum des frais d'établissement pour les lignes existantes s'élève à 500,000 fr.; et en 1850, pour les lignes à construire, à 2 millions.

On suppose toutes les lignes fonctionnant avec cinq fils ou cinq télégraphes et le personnel nécessaire aux cinq télégraphes; plus trois fils supplémentaires pour les cas extraordinaires, les transmissions lointaines et les accidents, sans augmentation de personnel.

DE LA

TÉLÉGRAPHIE ÉLECTRIQUE

MISE AU SERVICE DU PUBLIC.

CHAPITRE I.

EXPOSÉ DE L'ÉTAT ACTUEL DE LA TÉLÉGRAPHIE ÉLECTRIQUE EN ANGLETERRE ET EN AMÉRIQUE.

Il n'est pas inutile, avant de commencer cet écrit, de jeter un coup d'œil sur ce qui se passe autour de nous, et d'examiner comment les nations étrangères se servent du télégraphe.

Tout le monde sait que depuis plusieurs années le télégraphe électrique est mis à la disposition du public en Angleterre et en Amérique.

En Angleterre, il existe en ce moment une compagnie unique, *The electric telegraph company*, qui a étendu son monopole sur toute l'Angleterre, en achetant les patentes des divers inventeurs, pour les appareils, pour la disposition et la pose des fils, etc.; de sorte qu'elle règne aujourd'hui en souveraine, et qu'il faut recourir à elle pour l'établissement d'une ligne électrique. Elle dicte ses conditions à ceux qui veulent construire et impose le genre d'appareil dont doit se servir la ligne nouvelle.

Elle a bâti un établissement magnifique dans la Cité de Londres, près de la Banque, dans le quartier de la plus grande activité commerciale; cet établissement se trouve relié avec toutes les têtes de chemins de fer qui ont des bureaux électriques, par des conducteurs métalliques, passant dans les rues au moyen de conduits souterrains.

Ce bureau central communique donc avec toutes les lignes électriques d'Angleterre, et correspond dans ce moment avec 118 stations ou bureaux électriques situés dans Londres et plusieurs autres villes importantes.

Les correspondances du gouvernement et du public ont lieu par l'intermédiaire de la compagnie; le gouvernement obtient, *par déférence*, la priorité pour le passage de ses dépêches, et l'on assure que cet avantage peut lui être contesté.

Lors des troubles qui ont eu lieu dernièrement en Irlande, l'*Electric telegraph company* a transmis les ordres pour le départ de plusieurs régiments.

Nous avons quelque peine, en France, à comprendre un tel état de choses; mais il existe cependant sans préjudice pour la société anglaise.

Il y a plus encore, chaque actionnaire de la compagnie a un livret pour sa correspondance particulière; de sorte que deux actionnaires peuvent communiquer entre eux *par un langage secret connu d'eux seuls.*

Mais il est surtout digne de remarque que la puissance de l'argent, dans un but d'intérêt privé, ou la force même des choses dans un but d'intérêt général, ait conduit un peuple, fort jaloux de ses libertés et principalement ennemi de tout monopole centralisé, mais pratiquant les affaires avant tout, à souffrir ou à établir une compagnie qui centralise toutes les transmissions électriques et exerce un véritable monopole.

Telle qu'elle existe, du reste, cette compagnie rend de grands services au public. Il y a dans le bureau central de grandes salles au rez-de-chaussée, destinées à l'expédition de la correspondance de la capitale pour l'intérieur du royaume; à la distribution des lettres dans Londres; à la lecture des journaux politiques et commerciaux et des divers renseignements fournis par le télégraphe dans la journée, etc. Ces renseignements sont donnés à des heures déterminées.

On lit sur des tableaux :

L'état de la mer et de l'atmosphère pris à neuf heures du matin dans les divers ports;

L'arrivée et le départ des navires;

Le prix courant des marchandises dans les divers centres manufacturiers.

Dans les galeries de l'étage supérieur se trouvent des cabinets séparés, renfermant un employé et un appareil télégraphique.

On se sert en Angleterre d'appareils à aiguille et de la pile à sable.

Le service commence à 5 heures et demie le matin, et finit à 7 heures le soir.

Le tarif de la correspondance est établi comme il suit :

20 mots.	5 schillings	ou 6 fr. 250 c.
20 mots en sus.	2 sch. 6 d.	ou 3 fr. 125 c.
Chaque mot en sus. . .	2 sch. 6 d.	ou 3 fr. 125 c.
41 mots.	10 schillings	12 fr. 50 c.

Ainsi, 41 mots coûtent 10 schillings ou 12 fr. 50 c. de notre monnaie.

Pour ce prix, l'on ne répond pas de la régularité de la transmission au point d'arrivée.

Pour que la compagnie soit responsable, il faut donner encore une somme égale à la moitié du prix de la dépêche que l'on a fait transmettre. Dans ce cas, on fait répéter cette dépêche par la station qui l'a reçue. En réalité, 41 mots, au lieu de coûter 10 schillings, en coûtent 15, ou 18 fr. 75 c.

Il y a un tarif à part pour les demandes de voitures, chevaux, lits et autres messages concernant la commodité des voyageurs.

Chaque message coûte. . .	2 sch. 6 d.	ou 3 fr. 125 c.
La réponse.	1 sch. 3 d.	ou 1 fr. 562 c.
Le tout, message et réponse..	3 sch. 9 d.	ou 4 fr. 65 c.

On a encore la facilité d'assurer les messages d'argent pour une livre sterling (25 fr.) par chaque 100 livres sterling (2,500 fr.) que l'on fait assurer. Ainsi, l'assurance de 1,000 livres sterling (25,000 fr.) coûte 10 livres sterling (250 fr.).

Dans tous les cas, la compagnie n'est jamais responsable des délais et des retards causés par la marche du télégraphe.

Elle régularise son service en recevant chaque jour, de chaque station, un relevé renfermant le nombre de messages envoyés ou reçus, avec leurs numéros d'ordre, les heures de réception et de départ.

Nous ne pouvons donner que peu de détails sur les télégraphes américains, malgré que les lignes électriques aient pris un grand développement dans les États de l'Union.

La république américaine s'est préoccupée de cette importante voie de communication ; elle a fait construire à ses frais des lignes électriques exploitées sous son patronage, notamment de Baltimore à Washington.

En décembre 1844, le professeur Morse adressait une lettre au Congrès pour l'engager à s'emparer de sa découverte, dans un but d'intérêt général et comme une source de revenu pour le trésor, sauf à indemniser les compagnies particulières.

Quelques mois après, en mars 1845, le comité des routes et communications (*ways and means*), dans un rapport au Congrès, concluait au monopole du télégraphe électrique par l'Union, en le considérant comme une branche nouvelle du *post-office* (poste aux lettres), et par suite comme un cas prévu par la constitution. Du reste, le comité insistait pour que l'État eût des lignes à lui appartenant, comme moyen de gouverner, surtout en temps de guerre, un pays aussi vaste, s'étendant de l'Atlantique à l'océan Pacifique [1].

Chaque peuple met donc en pratique les découvertes nouvelles d'après ses mœurs et son caractère. Nous venons de voir l'Angleterre, partant du principe de la liberté individuelle, fonder un véritable monopole au profit d'une compagnie particulière; tandis que l'Amérique, partant de ce même principe, établit des lignes électriques pour le compte de l'État et pour celui des particuliers, ce qui constitue, en quelque sorte, une rivalité entre la télégraphie de l'État et celle des particuliers.

Nous terminerons ce rapide aperçu par quelques faits que le professeur Morse signale à l'attention du Congrès, pour expliquer l'utilité du télégraphe dans un foule de circonstances.

« Lors des troubles de Philadelphie, dans l'été de 1843, « des dépêches cachetées furent envoyées par le major « de Philadelphie au président des États-Unis. A l'arrivée « du courrier à Baltimore; le contenu des dépêches « transpira, et pendant qu'un train spécial se préparait « pour le départ du courrier, le télégraphe transmit à

[1] Le Congrès rejeta les conclusions du comité quant au monopole par l'État.

« Washington les nouvelles et prévint la compagnie du « chemin de fer de suspendre tout départ de Washington, « pour hâter la venue du courrier. Tout fut compris et « exécuté. La voie fut libre pour le train spécial, et le « président et le cabinet, réunis en conseil, furent pré- « venus de l'arrivée de dépêches importantes et de la « nature de ces dépêches. Aussi, à l'arrivée du courrier, « la réponse était-elle prête. »

« En octobre de la même année, un déserteur du navire « américain *Pennsylvanie*, alors à Norfolk, s'évada, en « emportant de 600 à 700 livres sterling. On eut des « raisons pour supposer qu'il s'était réfugié à Baltimore. « Le trésorier du bâtiment se rendit à Washington, au « bureau du télégraphe, expliqua ce dont il s'agissait « et promit une récompense pour l'arrestation du cou- « pable. En dix minutes, le *warrant* (mandat d'amener) « fut entre les mains des officiers de justice à Baltimore « avec le signalement. Une heure et demie s'était à peine « écoulée depuis la venue du trésorier, que le télégraphe « de Baltimore répondait par ces mots : Le déserteur « est arrêté ; il est en prison ; que faut-il en faire ? »

M. Morse raconte encore qu'on jouait à plusieurs sortes de jeux entre Baltimore et Washington au moyen du télégraphe, et il ajoute, pour prouver la possibilité de correspondre en tout temps :

« Pendant l'affreuse tourmente du 5 décembre, par « une nuit noire, la pluie tombant à torrents et le vent « soufflant avec rage, c'était quelque chose d'extraordi- « naire et de mystérieux de voir une société tout autour « d'une table, à Washington, dans une chambre chaude et « retirée, jouer aux échecs, dans une pareille nuit, avec « une société établie à Baltimore, sans s'occuper des té- « nèbres, de la pluie et du vent. »

Il donne encore un exemple de la manière dont le commerce peut utiliser le télégraphe et suppose qu'un négociant de New-York adresse à la Nouvelle-Orléans une communication commerciale ainsi conçue :

New-York, le 31 décembre.

Achetez 25 balles de coton à 9 cent. par livre sterling et 300 barils de porc à 8 cent. par livre.

Ainsi, dit-il, le télégraphe peut donner les moyens, en quelques minutes, de conclure une affaire qui demande maintenant quatre ou cinq semaines pour être terminée [1].

[1] M. Morse constate la supériorité de la télégraphie française en 1840, sur la télégraphie de toutes les autres nations, mais il observe que la télégraphie aérienne tend à disparaître aujourd'hui.

Nous avions presque terminé cette brochure lorsque nous avons pu trouver ces détails sur la télégraphie électrique d'Amérique, et nous nous sommes empressés de rendre à M. Morse la justice qui lui est due en rendant compte des idées qu'il avait déjà livrées à la publicité.

N. B. Rien n'empêche la télégraphie française de procurer de semblables avantages. Elle produit journellement des faits analogues.

Nous n'en citerons qu'un seul :

« En mars dernier, le chef de gare d'Amiens prévint le directeur du « télégraphe qu'une pauvre femme avait laissé dans un wagon de troi- « sième classe un panier renfermant toute sa fortune (2,500 fr. environ). « Le train parti pour Arras, devait y arriver dans 15 minutes et ne séjour- « ner que 5 minutes.

« La dépêche fut comprise et remise au chef de gare d'Arras avant « l'arrivée du convoi. Le panier fut retrouvé et la nouvelle en parvint à « Amiens au moment où le train partait pour Lille. »

CHAPITRE II.

POSTE ÉLECTRIQUE,

OU ÉTABLISSEMENT EN FRANCE DE LA TÉLÉGRAPHIE ÉLECTRIQUE AU SERVICE DU PUBLIC.

Le gouvernement français a toujours eu le monopole du télégraphe depuis 1793, date de son invention par Claude Chappe. Le télégraphe aérien a rendu jusqu'ici ce monopole nécessaire, mais le télégraphe électrique tend à le faire disparaître aujourd'hui, en donnant les moyens de suffire à de nombreuses communications officielles et privées.

Cependant l'État, en donnant au public l'usage des transmissions électriques, ne peut le faire jouir de cet avantage qu'avec les restrictions que commande l'intérêt général. D'après nos mœurs et nos habitudes, on comprend les considérations morales qui forcent le gouvernement à surveiller, par l'administration actuelle des télégraphes, le service télégraphique privé, et à le restreindre dans certaines limites.

Les exigences politiques demandent encore que l'administration télégraphique conserve son langage secret connu des directeurs seulement; qu'elle ait la facilité de transmettre les dépêches officielles, toute affaire cessante, même au détriment du service privé.

L'État doit avoir le droit d'interrompre et de suspendre, dans certaines circonstances, tout service privé, comme d'en exclure toujours la politique et l'agiotage ou les jeux de Bourse.

Ces bases posées, dégagé de toute entrave, l'État établit une *poste aux lettres électrique*, c'est-à-dire une nouvelle poste aux lettres perfectionnée, rendant au gouvernement et au public les services qu'ils ne peuvent retirer de la poste ordinaire.

La poste électrique se sert de l'intermédiaire de la poste ordinaire pour pénétrer jusqu'aux points les plus reculés du territoire.

Ainsi se complète cette dernière pour servir plus utilement les besoins les plus impérieux de ce siècle, qui imprime une impulsion si grande et si rapide à toutes les voies de communication.

Établie de cette manière, la poste électrique peut fonctionner après quelques mois d'essai avec toute la régularité et l'exactitude désirables. Posée sur de larges bases, elle se généralise pour l'intérieur du pays, laissant bien loin derrière elle la télégraphie anglaise, et place la France la première en Europe, dans l'application la plus vraie et la plus utile de cette importante découverte.

Il reste maintenant à rechercher les moyens et à déterminer les règles qu'il importe de suivre dans l'intérêt général. Aujourd'hui, l'administration télégraphique ne communique le secret de ses dépêches qu'aux seuls directeurs; mais elle peut se départir de cet usage dans la correspondance privée en se servant d'un langage alphabétique (note n° 1).

Le public est donc prévenu que le langage alphabétique est connu de tous les employés du télégraphe : mais il peut être autorisé à demander le langage secret connu des directeurs seulement.

Il doit savoir encore que l'administration télégraphique n'est pas responsable des retards qui peuvent survenir dans les transmissions, et bien comprendre surtout que la poste électrique rend simplement, mot pour mot, *la copie fidèle* de la lettre qu'on lui a confiée, rien de plus, rien de moins; absolument comme la poste ordinaire qui distribue les lettres, sans s'inquiéter de ce qu'elles renferment et sans garantir l'exactitude de leur contenu.

Le public n'est donc jamais admis à se plaindre de l'inexactitude des faits transmis et reçus par le télégraphe, Il doit considérer cette correspondance comme un nouveau genre de lettres ordinaires.

Toute facilité est laissée à chacun pour prendre les précautions qu'il jugera convenable et les garanties qui lui paraîtront nécessaires. On peut signer la lettre en son nom seulement; ajouter à la signature plusieurs autres signatures et les faire légaliser, si on veut. Toutes ces précautions seront soigneusement détaillées dans la copie, et il restera au destinataire le soin de juger du degré de confiance qu'il doit accorder à la transmission reçue. Du reste, les communications électriques sont si rapides, qu'il est toujours possible de se renseigner au point de départ.

La poste électrique, telle que nous l'avons comprise, ne doit point assujettir le public à porter les lettres aux directions électriques. Elle doit donner à cette nouvelle correspondance toutes les facilités de la correspondance ordinaire.

Il faut donc que la poste aux lettres fasse parvenir aux directions électriques les lettres à expédier par le télégraphe et qu'elle distribue aux particuliers celles qu'elle reçoit de l'administration télégraphique.

C'est au gouvernement qu'il appartient de fonder ce nouveau service pour l'intérieur du pays, et de l'étendre au besoin aux nations étrangères, par une convention postale.

Par l'intermédiaire de la poste ordinaire, les points les plus reculés du territoire peuvent jouir immédiatement des bénéfices de la poste électrique, malgré que les lignes électriques actuelles soient d'un parcours très restreint. Dans ce moment, une lettre de Marseille pour Lille devrait arriver par la poste à Paris et se transmettre par le télégraphe de Paris à Lille.

Rien n'empêche de délivrer des timbres télégraphiques comme on délivre aujourd'hui des timbres pour la taxe uniforme; mais pour faciliter et simplifier le service, il faut rendre obligatoire l'affranchissement de la lettre au point de départ, soit aux directions électriques, soit dans les bureaux de poste [1].

Le public a de plus la faculté, en envoyant une lettre, d'affranchir en même temps la réponse.

Des dispositions générales sont prises pour les distributions journalières des copies. Ces distributions ont lieu par les employés des télégraphes et par les employés de la poste aux lettres; elles ont encore lieu sur la demande du public directement et immédiatement par les employés des télégraphes.

Tarif des lettres électriques.

Les difficultés d'exécution augmentent en raison directe du nombre de mots à transmettre et des distances à parcourir par le télégraphe : elles déterminent, en conséquence, les bases du tarif; on a donc un tarif pour les mots, un tarif pour les distances.

Pour plus de clarté, le tarif prenant pour modèle le

[1] On peut augmenter les garanties du service en échangeant des reçus pour les lettres qui passent d'une administration à l'autre, et en adoptant pour les lettres électriques des enveloppes particulières, facultatives pour le public, mais obligatoires pour l'administration télégraphique.

système décimal français, ne varie que par divisions décimales.

Le prix des lettres ne change que de 50 mots en 50 mots, en augmentant progressivement de 5 fr. par chaque 50 mots. De plus, pour faciliter le calcul du nombre de mots, chaque adresse compte invariablement pour 10 mots; et pour simplifier enfin le mode d'affranchissement, le tarif des distances est supprimé pour les 100 premières lieues.

Nous établissons donc, pour les 100 premières lieues télégraphiques, le tarif suivant pour le nombre de mots :

Dépêche de	1 à 50 mots. . .	5 fr.	(adresse comprise).
—	1 à 100 mots. . .	10	—
—	1 à 150 mots. . .	15	—
—	1 à 200 mots. . .	20	—

Pour qu'il n'y ait pas d'équivoque, il faut bien comprendre que les 10 mots de l'adresse ne laissent plus, pour l'intérieur de la lettre, que 40, 90, 140, 190 mots, etc., suivant le genre de la lettre que l'on envoie.

Après 100 lieues, le tarif des distances commence. Il est invariablement fixé à 10 fr. par lettre, pour 101 lieue comme pour toute l'étendue du pays.

La taxe uniforme de 20 c. continue à être perçue au profit de l'administration des postes, pour les lettres qui ont besoin de son intermédiaire.

Le public peut demander une transmission immédiate et hors rang au point de départ, et la remise directe et immédiate de la dépêche au point d'arrivée.

Cette demande se paye 5 fr. en sus du tarif ordinaire.

La demande du langage secret entraîne la transmission hors rang et la remise immédiate de la copie. Elle coûte

10 fr. pour chaque lettre électrique, en sus du tarif ordinaire [1].

On doit chercher à faciliter les relations entre les villes voisines, et à cet effet, diminuer le tarif et le nombre des mots pour la première catégorie de lettres. Les lettres de 100 mots et au delà suivent le tarif ordinaire. Ainsi les lettres de 50 mots se divisent en 25 et 50 mots et ne coûtent plus que 1 fr. 50 et 3 francs.

Lettres de 25 mots.	1 fr. 50 c.
— 50 mots.	3 »

La poste aux lettres ordinaire fait des remises d'argent en prélevant un bénéfice de 2 p. 100. On peut au moyen du télégraphe électrique faciliter ces échanges au même taux. La dépêche télégraphique devient alors un *Bon payable à vue* au destinataire dès qu'il a pu justifier de son identité, et coûte en sus, pour moins de 100 lieues, 5 fr.; pour plus de 100 lieues, 10 fr.

L'organisation et l'établissement de la poste électrique se résument donc en quelques mots.

Affranchissement de la lettre électrique au point de départ, soit aux directions télégraphiques, soit aux bureaux de poste ou au moyen de timbres électriques.

Facilité d'affranchir la réponse en doublant le prix de la lettre envoyée [2].

[1] Ces deux taxes établissant un impôt de luxe ne sont point exagérées. Le tarif général comparé au tarif anglais est infiniment modéré, mais il faut espérer que dans quelques années la télégraphie, agrandie et simplifiée, offrira au public les avantages d'un tarif plus modéré encore.

[2] Comme il y a un tarif pour les mots et un tarif pour les distances, il faut, pour affranchir, indiquer *sur l'enveloppe* et le nombre de mots et la distance télégraphique que la lettre doit parcourir. Quand il y a une double adresse on mettra seulement sur l'enveloppe l'adresse de la direction télégraphique qui doit transmettre.

Pour que cette question d'affranchissement soit parfaitement claire,

IMPRIMÉS

Distribution des copies aux heures indiquées par un règlement soit par les employés du télégraphe, soit par les employés des postes.

Distribution immédiate sur demande.

Transmission hors rang sur demande.

Emploi du langage secret sur demande.

Délivrance de numéros d'ordre réglant les tours de transmission, facilitant les réclamations et la recherche des erreurs possibles.

Création de *Bons* télégraphiques payables à vue au destinataire.

Le tarif peut donc se résumer comme il suit :

Lettre de	1 à 25 mots. .	1 fr. 50	de bureau télégraphique à bureau télégraphique.
—	1 à 50 mots. .	3 fr.	
—	1 à 50 mots. .	5 fr.	jusqu'à 100 lieues télégraph^es^.
—	51 à 100 mots. .	10 fr.	— —
—	101 à 150 mots. .	15 fr.	— —
—	151 à 200 mots. .	20 fr.	— —

Taxe uniforme de distance. . .	10 fr. après 100 lieues.
Transmission hors rang. / Avec remise immédiate. . .	5 fr.
Langage secret.	10 fr.
Taux des *Bons* à vue.	2 p. %.

prenons un exemple. Soit une lettre de 50 mots envoyée de Caen à Roubaix, à l'adresse de M. Martin, négociant. Caen n'est point un centre télégraphique. Il est donc indispensable d'envoyer la lettre à la direction électrique de Rouen; de mettre sur l'enveloppe l'indication des 50 mots et l'indication de la distance télégraphique de Rouen à Lille. Cette indication aura lieu en écrivant (10 francs), prix de la taxe uniforme pour la distance, car la distance de Rouen à Lille est de plus de 100 lieues.

La lettre arrive d'abord à Rouen par la poste ordinaire au directeur du télégraphe qui l'expédie par le télégraphe après avoir vérifié l'exactitude du prix reçu. Dès que la lettre est parvenue au directeur de Lille, la seconde adresse mentionnée dans l'intérieur de la lettre la fait adresser à M. Martin,

Plus 5 francs pour la transmission du *Bon* à moins de cent lieues, et 10 fr. après cent lieues [1].

Arrivée et établissement des fils dans Paris.

La poste électrique va conduire dans Paris un grand nombre de fils, qu'il faut pouvoir y introduire, sans gêner la circulation et sans les exposer à des dégâts journaliers. On obtiendra toute la sécurité désirable, en les établissant d'abord le long des murs d'enceinte des fortifications ; en construisant ensuite une ou deux voûtes souterraines pour l'entrée des fils dans l'intérieur de la ville.

La largeur des voûtes sera calculée d'après le nombre de fils qu'elles devront renfermer ; et la longueur, de manière à arriver assez avant dans Paris pour conduire les fils enduits de *gutta percha*, à travers les rues, à 30 ou 40 centimètres de profondeur, jusqu'aux diverses gares et autres bureaux électriques.

Telles sont les précautions générales à prendre pour faire entrer les fils dans la capitale ; mais l'intérêt du service demande encore que les lignes électriques soient reliées entre elles par un certain nombre de fils calculé sur

négociant à Roubaix, par la poste ordinaire, de Lille à Roubaix. Lorsque la distance n'est point indiquée sur l'enveloppe, la lettre devra parcourir moins de 100 lieues par le télégraphe.

[1] Ainsi une lettre de 50 mots parcourant plus de 100 lieues par le télégraphe et pour laquelle on a demandé la transmission hors rang ou le langage secret, coûte :

50 mots	5 fr.	5 fr.
Distance	10	10
Transmission hors rang	5	»
Langage secret	»	10
Totaux...	20 fr.	25 fr.

les dépêches qui passent d'une ligne sur une autre ligne, comme celles qui vont de Perpignan à Strasbourg, de Toulon à Brest, etc.

On devra examiner, si les diverses gares pourront se relier ensemble par des fils longeant les chemins de ronde des fortifications, ou par des fils aboutissant à un centre commun.

La prudence semble conseiller, en ce moment, d'attendre quelques années en créant d'abord des bureaux électriques à chaque gare, ou tête de chemins de fer, et de laisser au temps et à l'expérience le soin de faire connaître et de révéler qu'elles sont les meilleurs moyens de résoudre cette difficulté.

A cette époque, la télégraphie électrique, par l'importance qu'elle aura acquise, donnera la mesure des sacrifices à faire. Le chiffre de la dépense sera alors fixé avec connaissance de cause et l'utilité de cette dépense ne sera plus sujette à contestation.

CHAPITRE III.

PUISSANCE DE TRANSMISSION DU TÉLÉGRAPHE ÉLECTRIQUE.

Puissance maximum de transmission d'une ligne de cinq fils ou cinq télégraphes : 1° sur les deux lignes électriques existantes de Paris à Rouen et de Paris à Calais;

2° Sur le réseau électrique comprenant toutes les voies de fer livrées à la circulation en 1849;

3° Sur le réseau comprenant toutes les voies de fer de France que l'on suppose terminées en 1860.

Le télégraphe électrique à *deux fils*, dont on se sert aujourd'hui pour reproduire les signaux du télégraphe aérien, donne de 20 à 25 signaux par minute.

Le télégraphe électrique à *un fil*, dont on se sert lorsqu'il y a un fil cassé ou lorsque les fils sont mêlés, reproduit aussi les signaux du télégraphe aérien, mais avec une vitesse de 20 signaux par minute.

Telle est la vitesse du langage secret en ce moment [1]. La correspondance alphabétique a une vitesse supérieure à celle du langage secret.

Lorsque le télégraphe à deux fils exprime des lettres, toutes représentées par des signaux horizontaux, il donne de 30 à 40 lettres par minute.

On a obtenu 50, 60 et *jusqu'à 102 lettres par minute et* 90 *en moyenne ; mais alors un employé dictait les lettres, un autre employé les écrivait.*

Une vitesse soutenue de 80 à 90 lettres par minute est

[1] Le langage secret se compose de signaux horizontaux et de signaux verticaux. Tout signal horizontal a en général deux mouvements; tout signal vertical en a trois.

réalisable dès aujourd'hui avec deux employés intelligents, rompus au service, l'un dictant, l'autre écrivant les lettres.

Le télégraphe à un fil donne correctement *de 25 à 30 lettres par minute* avec un seul employé. Deux employés l'un pour dicter, l'autre pour écrire les lettres obtiendraient 60 *lettres par minute*. Cette vitesse ne pouvant s'obtenir qu'avec un personnel plus que double du personnel ordinaire, nous nous contentons de l'indiquer comme possible pour ne rechercher que la vitesse que l'on obtient avec un employé par télégraphe.

On voit par ce qui précède qu'il y a avantage à n'avoir que des télégraphes à un fil. La vitesse y gagne, puisque deux machines à un fil produisent plus de signaux qu'une machine à deux fils; et il y a ensuite une économie de moitié pour le nombre de fils dans l'établissement des lignes [1].

Il faut donc supprimer le télégraphe à deux fils, pour ne considérer que le *télégraphe à un fil* qui représente l'élément le plus vrai et le plus exact de la transmission électrique.

Nous venons de dire que le télégraphe à un fil produit de 25 à 30 lettres par minute. Soit 25 lettres par minute, c'est-à-dire 1,500 lettres (ou signaux) par heure.

Chaque mot se compose en moyenne *de 5 lettres*, c'est donc 300 mots que le télégraphe électrique transmet dans une heure, d'un point à un autre [2].

[1] Nous ferons ressortir plus tard l'immense supériorité du télégraphe à un fil sur le télégraphe à deux fils (Voir note 2).

[2] Dans la pratique, on se place dans un cas très défavorable en comptant pour les transmissions autant de signaux que de lettres, comme nous le faisons ici. On peut économiser près d'*un tiers*, sur le nombre de lettres à transmettre, par l'usage d'un petit tableau spécialement consacré aux abréviations dans les transmissions alphabétiques.

Les lettres ou dépêches de la poste électrique se composent de 50, 100, 150, 200 mots, etc. Par conséquent, un télégraphe a le pouvoir de faire parvenir, en *une heure*, d'un point à un autre, de Paris à Amiens, par exemple, 6 lettres ou dépêches de 50 mots, 3 lettres de 100 mots, 2 lettres de 150 mots, etc.

Pour fixer les idées et faciliter les calculs, nous ne considérons, dans tout le courant de cet écrit, que des dépêches de 50 mots. On le peut sans inconvénient [1].

Ainsi la puissance de transmission du télégraphe électrique est de 6 dépêches par heure, ou de 300 mots.

Faisons une large part aux difficultés d'exécution, et réduisons cette puissance à 5 dépêches par heure, ou 250 mots.

En limitant le travail de la journée à 20 heures, pour les dérangements possibles, quoique très rares, le télégraphe électrique produit donc par jour 100 dépêches, ou 5,000 mots [2].

Telle est la puissance de transmission du télégraphe électrique (par journée de 20 heures) qui va servir de base à tous nos calculs.

Nous écrivons donc :

Puissance de transmission d'un télégraphe, 100 dépêches.

Pour en déduire la puissance de transmission des diverses lignes de 1 à 5 fils, comme il suit :

[1] Quelle que soit la dépêche que l'on prenne pour base, le télégraphe donne toujours le même nombre de mots; on ne change donc rien à sa puissance de transmission.

[2] On le voit, toute exagération est soigneusement écartée, la perte sur la vitesse est de 1/6, la perte sur le temps est de 1/6, par conséquent la perte totale est de 2/6 ou 1/3. On aurait donc pu porter la puissance de transmission du télégraphe à 133 dépêches par jour, sans compter les abréviations possibles.

Ligne de 1 fil	— 100 dépêches	ou 5,000	mots.
— 2 fils	— 200	— 10,000	mots.
— 3 fils	— 300	— 15,000	mots.
— 4 fils	— 400	— 20,000	mots.
— 5 fils	— 500	— 25,000	mots.

Une ligne composée de 5 télégraphes peut donc envoyer 500 dépêches ou 25,000 mots, par journée de 20 heures, d'une ville à une autre.

Elle peut de plus porter ces 500 dépêches dans toutes les stations électriques de la ligne, lorsque ces 500 dépêches doivent se communiquer dans toutes les villes, ou se publier.

Cette *puissance de publication* que donne le télégraphe est très remarquable. Elle est très considérable et peut rendre de grands services. Avec cinq fils ou cinq télégraphes, on a le pouvoir de *publier* 25,000 mots dans toutes les villes de France qui ont des directions électriques.

Pour qu'il n'y ait pas d'équivoque. Qu'il soit bien compris que chaque ville reçoit 25,000 mots par jour. Si on se servait du télégraphe pour publier dans dix villes toutes les nouvelles que peuvent publier les cinq télégraphes, on aurait les mêmes nouvelles ou les mêmes 25,000 mots à chaque ville, et en somme 250,000 mots dans la journée, répétant dix fois les mêmes nouvelles [1].

[1] Cette puissance de publication est trop digne d'intérêt pour passer sous silence la manière dont elle est obtenue.

Dans l'état actuel des choses, les signaux passent, en commençant de ville à ville voisine, avec une perte de deux minutes environ par station télégraphique; de sorte qu'à un instant donné toutes les villes reçoivent à la fois. Le travail se termine ensuite successivement de proche en proche, avec une seconde perte de deux minutes encore pour finir. En somme, la perte de temps pour le passage des 25,000 mots, d'une direction à une autre, est de quatre minutes. Ainsi la troisième ville, à partir du point de

Puissance maximum de transmission d'une ligne électrique de cinq fils ou cinq télégraphes : 1° sur les deux lignes existantes de Paris à Rouen et de Paris à Calais.

Nous venons de voir qu'une ligne électrique de cinq fils donne 500 dépêches ou 25,000 mots par jour, d'un point à un autre.

La *puissance de publication* s'étend ici; de Paris à Amiens, Arras, Lille, Calais et Valenciennes, et de Paris à Rouen; en tout de Paris à six villes de province, et produit dans la journée 6 fois 25,000 mots où 150,000 mots répétant six fois les mêmes nouvelles.

Mais la publication des dépêches par le télégraphe n'est qu'une des variétés produites par l'usage ordinaire de cette correspondance, dont l'application la plus générale est de faire parvenir les dépêches tantôt à une ville, tantôt à une autre. La force utile du télégraphe se trouve ainsi grandement réduite. C'est elle cependant qu'il faut rechercher et déterminer pour les deux lignes actuelles [1].

Sur la ligne de Rouen, les cinq télégraphes donnent évidemment 500 dépêches par jour, entre Paris et Rouen.

départ, terminera les 25,000 mots 4 minutes après la seconde; la quatrième ville 4 minutes après la troisième ou 8 minutes après la seconde, etc.; la douzième ville, par exemple, 40 minutes après la seconde.

Ce retard, quelque minime qu'il soit, doit disparaître prochainement. Le télégraphe électrique donne la facilité à un seul employé de faire *marcher ensemble tous les appareils d'une même ligne*. C'est ce qui a lieu en ce moment sur la ligne de Montereau à Troyes. L'employé de Montereau fait marcher ensemble les appareils de : les Ormes, Romilly et Troyes; l'employé de Troyes, en répondant, fait marcher ceux de Romilly, les Ormes et Montereau. On annonce ce genre de travail par un signal convenu qui détermine le temps que doit durer cette transmission.

[1] Lorsqu'une dépêche part de Paris pour Calais elle empêche tout autre travail entre Paris, Amiens, Arras et Lille, soit qu'elle parvienne directement de Paris à Calais et annule tous les intermédiaires, soit qu'elle se reproduise à chaque ville pour gagner Calais de proche en proche.

Cette correspondance est la pire de toutes, car elle fatigue toute la ligne

Sur la ligne du Nord, de Paris à Calais et Valenciennes, le résultat moyen de la journée est de 1,500 dépêches.

Ainsi lorsque les deux lignes travaillent séparément pendant toute la journée, on a

Ligne de Rouen.	500 dépêches.
Ligne du Nord.	1,500 dépêches.
Total.	2,000 dépêches.

Pour obtenir ce résultat de 1,500 dépêches par jour sur la ligne du Nord, il faut connaître le résultat le plus avantageux et le résultat le plus désavantageux de la journée, et prendre la moyenne entre les deux, c'est-à-dire entre le plus grand nombre et le plus petit nombre de dépêches que la ligne peut donner.

L'hypothèse qui fournit le plus grand nombre de dépêches est celle qui admet que toutes les dépêches de la journée ont lieu de ville voisine à ville voisine. Ce qui donne

Entre Paris et Amiens.	500 dépêches.
Entre Amiens et Arras.	500 —
Entre Arras et Valenciennes.. . .	500 —
Entre Arras et Lille.	500 —
Entre Lille et Calais.	500 —
Total. . . .	2,500 dépêches

pour le cas le plus favorable.

L'hypothèse la plus défavorable est évidemment celle qui annule tous les intermédiaires pour ne considérer que les deux points extrêmes, en admettant que toutes les dépê-

inutilement, en faisant répéter cinq fois une dépêche qui n'intéresse que Paris et Calais.

C'est pourquoi nous supprimons cette manière de correspondre pour ne considérer que les transmissions directes.

L'expérience a prouvé que l'on peut *transmettre directement à 100 et 200 lieues de distance*, et tout porte à croire que l'on doit arriver à transmettre de même à 500 et 1000 lieues de distance.

ches de la journée sont entre Paris et Calais, par exemple [1], on obtient ainsi :

Entre Paris et Calais. . . . . 500 dépêches.

La moyenne entre

$$2,500 \text{ et } 500 \text{ est } \frac{2,500 + 500}{2} = 1,500.$$

Ainsi le résultat moyen de la ligne du Nord est bien 1,500 dépêches par jour.

Les deux lignes prises ensemble et fonctionnant séparément ont donné pour résultat total de la journée 2,000 dépêches; mais lorsque ces lignes ont un travail commun, lorsqu'il y a des dépêches qui passent d'une ligne sur une autre, le maximum de la journée n'est plus le même [2].

Pour obtenir le maximum réel, il faut considérer ces deux lignes comme n'en faisant plus qu'une et renfermant en tout sept directions et six sections de villes voisines.

Chaque section de ville voisine donne 500 dépêches.

Les six sections en donnent donc 3,000 pour le cas le plus avantageux.

Le cas le plus désavantageux, qui ne considère que les points extrêmes de la ligne de Rouen et Calais, donne toujours 500 dépêches; de sorte qu'il faut prendre la moyenne entre 3,000 et 500.

$$\text{Cette moyenne est donc } \frac{3,000 + 500}{2} = 1,750.$$

Les deux lignes électriques actuelles donnent donc par jour une puissance maximum de transmission de 1,750 dépêches (Note n° 2).

[1] Nous négligeons même, pour ne rien exagérer, les 500 dépêches que donne l'embranchement d'Arras à Valenciennes, comme présentant un cas particulier avantageux pour les calculs de l'hypothèse la plus défavorable à la transmission.

[2] Telles sont les dépêches de Rouen pour Calais, de Lille pour Rouen, etc.

Puissance maximum de transmission d'une ligne électrique de cinq fils sur le réseau électrique, comprenant toutes les voies de fer livrées à la circulation en 1849.

Nous ne parlons point ici des diverses lignes de chemins de fer construites loin de Paris. Nous ne considérons que les voies de fer qui aboutissent à la capitale.

Pour compléter la ligne du Nord, il faut joindre à la ligne existante Dunkerque et Boulogne, et créer un centre télégraphique à Douai [1].

Pour compléter la ligne de Rouen, il reste à joindre à la ligne existante le Havre et Dieppe.

Le gouvernement n'a établi aucune communication télégraphique entre Paris et Versailles.

La ligne électrique de Paris à Orléans, Blois, Tours, Bourges et Châteauroux, est tout entière à créer.

Il en est de même entre Paris et Châlons-sur-Marne. Ces nouvelles lignes, réunies aux premières, constituent un nouveau réseau électrique qui a Paris pour centre et qui va s'étendant :

Au nord, par Amiens, Arras, Valenciennes, Douai, Lille, Dunkerque, Calais et Boulogne (8 villes);

Au midi , par Orléans, Blois, Tours, Bourges et Châteauroux (5 villes);

A l'est, par Châlons-sur-Marne (1 ville);

A l'ouest, par Versailles, Rouen, le Havre et Dieppe (4 villes).

Ce réseau renferme donc Paris et 18 villes de province, en tout 19 villes dont 10 au moins sont fort importantes [2].

[1] La compagnie des chemins de fer a déjà établi à Douai un bureau télégraphique pour son usage.

[2] Les lignes à construire sur ce réseau ont en somme une étendue de 250 lieues environ.

La *puissance de publication* s'étend ici à 19 villes; Paris peut donc fournir 25,000 mots par jour à 18 villes de province.

La puissance maximum de transmission de ce réseau se calcule comme celle du premier. Il y a quatre têtes de chemins de fer dans Paris, 19 villes en tout, et, par conséquent, 18 sections différentes de villes voisines. Chaque section produit 500 dépêches; les 18 sections produisent donc ensemble, pour le cas le plus favorable à la transmission, 9,000 dépêches.

Pour obtenir le cas le plus défavorable, on suppose les quatre lignes jointes deux à deux, de manière à ne former que deux lignes donnant chacune 500 dépêches par jour ou 1,000 dépêches. La moyenne entre 9,000 et 1,000 est 5,000. On a donc :

Puissance maximum de transmission, 5,000 *dépêches* [1].

Puissance maximum de transmission d'une ligne électrique de cinq fils sur le réseau électrique, comprenant toutes les voies de fer de France que l'on suppose terminées en 1860.

Les voies de fer sont terminées, et le réseau électrique s'étend enfin sur toute la France. On voit les lignes électriques suivre les chemins de fer, s'élever encore le long des grandes routes et pénétrer partout où leur utilité s'est fait sentir. Paris communique avec tous les chefs-

[1] Ce réseau a une véritable importance. Il s'éloigne de Paris dans quatre directions, distantes du centre de 90, 60, 50 et 40 lieues; il contient des places fortes, de grands centres de population, des villes commerçantes et manufacturières, et doit rendre de grands services en temps de paix comme en temps de guerre. Nous le considérons comme le berceau de la télégraphie naissante. Ainsi constituée en 1850, la télégraphie électrique a toute facilité pour passer dans les mœurs en grandissant et se perfectionnant chaque année, et se terminer en 1860, sans effort et probablement sans déboursés pour le trésor.

lieux de département et un grand nombre de villes importantes [1].

Pour fixer les idées, concevons dix lignes principales partant de Paris pour gagner les extrémités du territoire, au nord et au midi, à l'est et à l'ouest, comme de Paris à Calais, de Paris à Toulouse, Strasbourg, Brest, le Havre, etc.

Concevons encore chacune des dix lignes mères établies de manière à fonctionner entre vingt sections de villes voisines, ce qui donne plus de 200 villes au réseau électrique, y compris tous les chefs-lieux de département.

La *puissance de publication* de la ligne est toujours de 25,000 mots, qui se répètent à chaque ville, c'est-à-dire plus de 200 fois. Elle fournit plus de 5 millions de mots dans la journée et répète plus de 200 fois les mêmes nouvelles.

Quant au nombre de dépêches que peut fournir cette ligne électrique de cinq fils répandue dans toute la France, on va l'obtenir en faisant le même calcul que nous avons déjà fait deux fois.

Puisqu'il y a en tout 200 sections de villes voisines, et que chaque section produit 500 dépêches dans la journée, les 200 sections donnent 100,000 dépêches, c'est-à-dire 200 fois 500 dépêches pour le résultat le plus avantageux.

En réunissant les dix lignes principales deux à deux, on les réduit à cinq. En ne considérant que les points extrêmes de ces cinq nouvelles lignes, elles ne produisent plus que 500 dépêches chacune, ou 2,500 dépêches pour

[1] M. Matteucci a le projet d'établir en Italie les lignes nouvelles, en employant les arbres qui bordent les routes, en place de poteaux.

les cinq ensemble. C'est le résultat le plus désavantageux [1].

Il faut donc prendre la moyenne entre 100,000 et 2,500, ce qui donne $\frac{102,500}{2} = 51,250$.

Tel est le chiffre qui détermine la puissance maximum de transmission d'une ligne de cinq fils, passant dans plus de 200 villes, et l'on peut écrire :

Puissance maximum de transmission : 51,250 *dépêches.*

On voit déjà combien est grande la puissance d'une ligne électrique, à mesure que le nombre des directions augmente. Pour en juger, nous allons récapituler les résultats obtenus dans les trois exemples que nous avons choisis.

Lignes électriques existantes.

Sur les lignes existantes, la puissance de publication de 25,000 mots, partant d'une ville se communique à six autres villes et donne, en somme, 150,000 mots par jour.

Le nombre de dépêches que la ligne peut envoyer entre les divers points de la ligne, est de 1,750, représentant 87,500 mots par jour.

Réseau électrique de 1850.

La puissance de publication passe d'une ville à 18 autres villes et donne 450,000 mots répétant dix-huit fois les mêmes nouvelles.

Le nombre des dépêches, entre les 19 villes, est de 5,000, représentant 250,000 mots dans la journée.

[1] Ce résultat de 2,500 dépêches par jour, pour le service des points extrêmes de deux lignes principales, comme de Bayonne à Calais, de Toulon à Brest, prouve évidemment que cinq fils ne suffiront plus au service. A cette époque l'expérience aura déterminé le nombre de fils nécessaires. On peut déjà remédier à l'inconvénient que nous signalons en établissant des fils supplémentaires sans augmenter le personnel.

Réseau électrique de 1860.

La puissance de publication s'étend d'une ville à 200 autres villes et produit 5 *millions* de mots par jour, répétant 200 fois les mêmes nouvelles.

Le nombre des dépêches entre les 200 villes de la ligne est de 51,250 ou (1,032,500 mots) par jour [1].

L'examen de ces divers chiffres nous conduit à remarquer :

1° Que la puissance de publication varie d'après le nombre de villes, mais qu'elle fait toujours produire à la ligne le plus grand nombre de mots qu'elle peut produire.

2° Que le nombre de dépêches augmente aussi avec le nombre des villes du réseau, mais que la somme des mots est loin d'atteindre celle que nous avons trouvée en premier lieu.

Il n'est point inutile de rappeler que ces résultats sont calculés sur une vitesse de 20 signaux par minute seulement, et que l'on obtient déjà de 25 à 30 signaux, avec de bons employés (Note n° 3).

[1] Il est inutile de dire que l'on ne peut obtenir dans la journée que l'un ou l'autre des deux nombres représentant la puissance de publication ou le total des dépêches.

CHAPITRE IV.

APPLICATION DE LA TÉLÉGRAPHIE ÉLECTRIQUE AUX SERVICES PUBLICS, D'INTÉRÊT GÉNÉRAL ET PRIVÉ :

1° Sur les deux lignes existantes et sur le réseau qui peut être terminé en 1850 (*vitesse de* 20 *signaux par minute*) ;

2° Sur le réseau qui comprend la France entière en 1860 (*vitesse de* 100 *signaux par minute*), et considérations générales sur les avantages qu'elle offre au pays et au monde entier.

Perfectionnements possibles du télégraphe électrique et aperçu des changements de mœurs et d'habitudes qu'ils semblent faire pressentir.

Les affaires que le gouvernement traite aujourd'hui par le télégraphe sont en général graves et importantes, ce qui prouve que cette correspondance est à la fois prompte, sûre et parfaitement exacte. Ainsi, l'application du télégraphe aux divers services qu'il peut favoriser entraîne avec elle promptitude, sécurité et exactitude.

Parmi les plus impérieuses nécessités de l'époque, il en est qui dominent toutes les autres, telles sont : la publicité, la correspondance particulière, l'administration du pays, les relations de peuple à peuple, etc.

L'application de la télégraphie aérienne à ces nécessités diverses n'a pu, jusqu'ici, avoir lieu que dans des proportions très restreintes ; mais ce qu'elle a laissé entrevoir comme grandement désirable se généralise et se réalise aujourd'hui par la télégraphie électrique, qui dispose déjà d'une puissance de transmission presque illimitée.

Elle va donner les moyens :

De créer une publicité nouvelle par l'établissement de journaux électriques s'imprimant à la même heure, à Paris comme en province ;

De fonder une poste électrique au service du public;

De généraliser l'usage d'une correspondance alphabétique pour certains détails d'administration intérieure, et de développer la correspondance officielle par le langage secret pour toutes les affaires importantes d'administration et de politique intérieure et extérieure.

Le simple énoncé de ces faits en démontre assez toute l'importance pour passer immédiatement et sans réflexion aux moyens pratiques d'exécution sur les trois réseaux de lignes électriques que nous avons déjà considérés.

Application de la télégraphie électrique sur les deux lignes existantes avec une vitesse de vingt lettres ou signaux par minute.

Nous savons qu'un télégraphe donne (en 20 heures) 100 dépêches de 50 mots chacune, c'est-à-dire 5,000 mots par jour.

Nous savons encore qu'un télégraphe répète ces 5,000 mots presque en même temps dans toutes les villes du réseau électrique. Par conséquent, il suffit d'un seul fil pour faire partir de Paris 5,000 mots qui vont se répétant à Rouen, Amiens, Arras, Valenciennes, Lille et Calais, en publiant les mêmes nouvelles dans chacune de ces villes.

Ces 5,000 mots peuvent donc servir à publier *heure par heure*, dans toutes ces villes, les nouvelles que les journaux de Paris impriment dans la journée. Par ce moyen, six villes de provinces ont des journaux du soir qui donnent les mêmes nouvelles que les journaux du soir de Paris[1].

[1] Le gouvernement est libre d'établir cette publicité de plusieurs manières : rien ne l'empêche de communiquer gratuitement les nouvelles aux journaux des localités par l'intermédiaire des autorités civiles et municipales ;

De les communiquer seulement à un journal correspondant du *Moni-*

Cette publicité est déjà un gage précieux de sécurité pour six grandes villes et quatre départements fort importants. Elle gagne un jour sur tout ce que les journaux publient pour se répandre ensuite de proche en proche.

La ligne électrique du nord touche à la Belgique par Valenciennes, et s'approche le plus possible de l'Angleterre par Calais. Par ces deux points, le télégraphe a la facilité de transmettre de ville en ville jusqu'à Paris les nouvelles d'Angleterre et du continent, et de réaliser une avance considérable sur les moyens ordinaires de communication pour tout ce qui est de nature à intéresser le public.

Un second fil ou un second télégraphe permet de disposer de 5,000 mots nouveaux pour faire connaître les événements et les faits importants de l'extérieur et des quatre départements. Ainsi *deux fils* ou *deux télégraphes* ont le pouvoir de fournir 10,000 mots pour l'impression des journaux électriques. 5,000 mots sont donnés par Paris à ses correspondants de province; et 5,000 mots sont donnés par les correspondants des départements à Paris et aux villes intermédiaires[1].

Il est donc vrai, que le télégraphe donne les moyens d'établir une publicité nouvelle, instantanée, un journal

teur, et de créer ainsi un nouveau *Moniteur officiel*, s'imprimant en province dans le même temps que s'imprime le Moniteur officiel à Paris, et commençant un *nouveau système d'annonce* de Paris pour les départements et des départements pour Paris avec bénéfice pour le Trésor;

De les communiquer enfin à prix d'argent, ou en exigeant des villes le remboursement des dépenses que cette publicité lui occasionne.

[1] Ce travail demande trois employés par fil pour les directions extrêmes et six pour la direction intermédiaire. Pour les sept villes il exige un personnel de soixante-douze employés et coûte 65,700 francs par an, c'est-à-dire 9,385 fr. 71 c. pour chaque ville. Soixante-huit employés auraient suffi sans la bifurcation sur Valenciennes.

enfin imprimant heure par heure les mêmes nouvelles à Paris et en province, sans tenir compte des distances, à 100 lieues de la capitale, tout comme en des points plus rapprochés.

Reste maintenant trois fils pour le service du public et du gouvernement. Ces trois télégraphes peuvent transmettre par jour 1,050 dépêches[1].

C'est ce nombre de dépêches qui doit être utilisé pour faire apprécier au gouvernement et au public l'avantage des transmissions télégraphiques.

Pour conserver à la ligne de cinq télégraphes toute sa puissance de transmission et remédier à tous les accidents possibles, nous établissons *trois nouveaux fils supplémentaires* toujours prêts à fonctionner, mais sans augmentation de personnel.

Cette augmentation de personnel n'aura lieu qu'au fur et à mesure des besoins et avec les bénéfices de la poste électrique[2].

[1] Page 27, les cinq fils produisant 1,750 dépêches, trois fils en produiront 1,050 ou 2/5e de moins.

[2] Le gouvernement dépense dans ce moment, sur ces deux lignes, pour son service de jour et pour un seul télégraphe, 66,700 fr.; il devra dépenser pour le service de nuit de ce même télégraphe 51,750 fr., en tout 138,450 fr.

Ce service, installé au compte de l'État, nous avons vu que les deux fils du journal coûtent 65,700 fr., et que les deux autres fils de la poste électrique coûtent la même somme, en tout 131,400 fr.

Ainsi, avec une dépense *pas même égale* à celle que le gouvernement est obligé de dépenser pour les frais de son télégraphe, il a la facilité d'en établir quatre autres qui vont procurer d'immenses services et donner des revenus au Trésor.

Quelle que soit la recette, tout est bénéfice, car la télégraphie puissamment organisée comme elle l'est avec cinq fils, est d'un avantage incalculable pour le gouvernement et les intérêts généraux du pays.

Application de la télégraphie électrique, avec une vitesse de vingt signaux par minute, sur le réseau électrique qui peut être terminé en 1850.

Le réseau que nous considérons a déjà une véritable importance. Il comprend Paris, 18 villes de province dont 10 chefs-lieux de département et pénètre dans l'intérieur du pays par Châlons, Bourges, Châteauroux et Tours [1].

La publicité s'étend dans dix départements, pour se continuer de proche en proche dans les départements voisins, de manière à faire gagner un jour, dans une grande partie de la France. Ainsi commence à se réaliser cette publicité perfectionnée qui annule les distances et se communique de ville en ville avec la rapidité de la pensée.

Le *journal électrique* fonctionne toujours avec deux fils ou deux télégraphes, livrant à l'impression ordinaire 10,000 mots par jour, pour tous les faits qui entrent dans le domaine du journalisme et développe son *nouveau système d'annonces* sur une assez vaste échelle.

Nous avons vu que les cinq télégraphes qui travaillent sur ce réseau donnent 5,000 dépêches par jour : par conséquent, les trois telégraphes qui continuent à travailler pour le public et le gouvernement disposent encore d'une puissance de transmission de 3,000 dépêches par jour.

Nous pouvons comprendre ces 3,000 dépêches distribuées comme il suit, pour les divers services :

1,500 lettres ou dépêches pour la poste électrique au service des particuliers ;

500 dépêches pour les Bons télégraphiques payables à vue sur le Trésor à 2 p. 100 d'escompte ;

500 dépêches pour simplifier et accélérer les rapports

[1] Voir page 28.

de l'administration centrale avec la province par le langage alphabétique [1].

500 dépêches pour la correspondance officielle et secrète expédiant les affaires que le gouvernement juge convenable de traiter par le télégraphe.

Ainsi commence à poindre cette décentralisation administrative qui doit réaliser un des vœux les plus ardents du pays. Elle s'annonce de manière à satisfaire les exigences des départements sans rien faire perdre à l'unité du pouvoir.

Nous continuons sur ce réseau les trois fils supplémentaires dont nous avons déjà parlé plus haut.

Application de la télégraphie électrique, avec une vitesse de cent signaux par minute, sur le réseau électrique qui comprend la France entière en 1860.

Dix ans se sont donc écoulés, et la télégraphie électrique s'est étendue dans toute la France, dans plus de trois cents de ses villes principales.

Elle s'est organisée et perfectionnée ; elle ne transmet plus avec une vitesse de 20 à 30 signaux par minute, mais bien avec cette vitesse de 100 *signaux par minute que nous avons déjà obtenue, en* 1849, *avec deux employés, l'un dictant, l'autre écrivant les lettres.*

Ce n'est pas tout encore. Il existe aujourd'hui, en 1849, des machines qui *impriment* plus de trente lettres par minute; ce n'est donc point trop exiger d'une machine que de fixer sa puissance d'impression électrique à 100 lettres par minute, en 1860.

[1] Il est des affaires d'administration qui n'ont aucun intérêt à être traitées secrètement : comme les circulaires, les instructions générales qui doivent être publiées; telles sont encore les nominations et les changements de résidence qu'elles entraînent dans le personnel des diverses administrations, etc.

La télégraphie s'est donc transformée en une *imprimerie à distance,* dont la force d'impression est de 100 lettres par minute, ce qui porte la puissance de transmission d'un télégraphe ou d'un fil de 5,000 mots à 25,000 mots par jour.

Telle est la force de transmission qu'il faut appliquer aux divers services publics et privés que nous n'avons fait qu'indiquer précédemment, et qu'il est permis de supposer parfaitement organisés en 1860.

Malgré cet accroissement énorme de puissance, ce n'est plus cinq fils que l'on donne à toutes les lignes, mais dix ou quinze fils.

Journaux électriques.

Le *journal électrique* n'a plus une influence restreinte, il s'imprime dans tous les chefs-lieux de départements, et plus de deux cents villes encore, si l'intérêt des populations le réclame.

Un seul télégraphe porte de Paris aux trois cents villes 25,000 mots d'impression par jour.

Un second télégraphe fait converger des trois ceuts villes vers Paris 25,000 nouveaux mots d'impression.

Un troisième fil supplémentaire assure le service et prévoit les accidents possibles.

Ainsi trois télégraphes assurent grandement 50,000 mots par jour à la publicité. Le journal contient donc toutes les nouvelles politiques et commerciales de l'intérieur du pays et de l'extérieur, les travaux, les votes, les discours des assemblées délibérantes, les annonces judiciaires, les *annonces* de l'intérieur et même de l'extérieur dans l'intérêt des particuliers, etc.

Nous ne pouvons nous défendre ici d'une certaine hésitation et d'un grand étonnement. Il suffit donc de trois fils ou trois télégraphes pour doter la France d'une presse nouvelle, non plus au service des partis, mais au service de tous, donnant à la France entière l'histoire de la journée dans toute la rigueur du mot, c'est-à-dire avec la rigidité, le calme et l'inflexibilité de l'histoire.

Les journaux s'impriment à la même heure à Paris et dans les départements. Il n'y a donc plus alors de presse parisienne et de presse départementale, mais une presse unique véritablement française et nationale, la plus véridique possible, la plus instructive pour les populations, la plus désirable enfin comme l'expression la plus vraie des besoins et des vœux du pays [1].

Poste électrique.

Telle que nous l'avons considérée déjà sur une ligne de cinq fils, la poste électrique dispose ici d'une force de transmission imposante. Le nombre de dépêches ou lettres qu'elle peut envoyer dans toutes les directions s'élève de 51,250 à 5 fois ce nombre, ou 306,250 (un peu plus de deux millions et demi de mots) par jour.

C'est donc plus de 300,000 dépêches par jour que le public peut utiliser et faire servir à toutes les affaires d'intérêt privé [2].

Ainsi se trouve réalisée, sur une grande échelle et dans l'intérêt des particuliers, cette suppression des distances qu'on se borne à désirer maintenant pour les affaires les plus importantes, et qui est devenue, en 1860, un besoin

[1] Cette ère nouvelle, qui se lève pour le journalisme, exigera probablement, après quelques années d'expérience, une loi de l'État pour régler ce nouveau genre de publicité.

[2] C'est par an plus de 109 millions de lettres.

impérieux pour toute chose utile ou sérieuse, futile ou agréable.

Il importe de remarquer l'activité que la poste électrique imprime à toutes les affaires, aux relations du monde et d'amitié comme aux relations de parenté et de famille; et surtout les bienfaits qu'elle rend à l'humanité, en venant diminuer ces heures d'incertitude et d'attente, ces angoisses terribles que l'éloignement nous fait si cruellement ressentir dans une foule de circonstances [1].

La poste électrique fonctionne donc en 1860 avec cinq fils ou cinq télégraphes plus deux fils supplémentaires, et donne au Trésor public des recettes importantes.

Administration intérieure.

L'administration du pays qui à la tête du mouvement général l'a conduit avec sagesse et réglé avec prudence, s'est encore réservé pour son usage cinq fils ou cinq télégraphes, plus deux fils supplémentaires.

Elle dispose donc de deux millions et demi de mots par jour, pour les besoins du service.

Elle a adopté des formes nouvelles, et transmet par le télégraphe la plus grande partie des affaires, en se servant avec intelligence du langage secret et du langage alphabétique. Elle a donné l'impulsion aux correspondances télégraphiques en les faisant connaître et apprécier par un usage journalier.

Devançant le mouvement au lieu d'être entraînée par lui, elle est arrivée à constituer un immense bureau télégraphique qui expédie sur l'heure toutes les affaires de Paris pour la province et de la province pour Paris.

C'est ainsi qu'elle s'est emparée de cette singulière puis-

[1] Telles sont les maladies graves de nos parents et de nos amis, les nouvelles qui influent sur notre avenir et notre fortune, etc.

sance de mettre en quelque sorte Paris en province et la province dans Paris.

La France a donc obtenu une centralisation plus puissante que jamais, mais perfectionnée de telle sorte que ses effets, se faisant sentir à l'heure même sur toute l'étendue du territoire, réalisent une *décentralisation véritable*, avec tous les avantages de l'unité de pouvoir.

Il est difficile de contester maintenant que la télégraphie électrique est devenue un des plus sûrs garants de l'ordre, de la tranquillité et de la sécurité publique. Désormais l'erreur et le mensonge, qui servent trop souvent à égarer les populations, à bouleverser la société, deviennent impossibles. Ils ne peuvent pénétrer nulle part sans y trouver le télégraphe électrique prompt comme la foudre et faisant briller le flambeau de la vérité pour les couvrir de ténèbres et de confusion.

L'histoire de nos soixante dernières années nous donne la mesure de l'importance des résultats qu'il est facile d'obtenir avec une ligne de 15 à 20 fils résumant tous les avantages que nous venons de signaler[1].

Relations de peuple à peuple.

Il est permis de croire qu'en 1860 la plus grande partie des capitales de l'Europe seront reliées entre elles par des chemins de fer et par des lignes électriques. Dès ce moment toutes les considérations précédentes se généralisent de peuple à peuple pour s'étendre sur l'Europe entière.

[1] Tout ce qui précède repose sur des données certaines que l'expérience a confirmées. *Cette vitesse de 100 signaux par minute est possible dès aujourd'hui* avec un personnel suffisant.

On dépensera plus d'un milliard pour la construction des chemins de fer, et il ne faut pas dix millions pour l'établissement de la télégraphie en France.

Ce sera surtout un avantage précieux pour les gouvernements de pouvoir communiquer sur l'heure de capitale en capitale, et de traiter, par le langage secret de la télégraphie ou par un *langage chiffré*, connu d'eux seuls, les affaires diplomatiques, les questions les plus épineuses de la politique, les secrets d'État, et tout ce qui se rattache enfin au repos du monde et à la conservation de la civilisation.

Nous voyons aujourd'hui le mouvement que la vapeur imprime à l'univers entier; ce mouvement semble le précurseur de celui que le télégraphe électrique annonce déjà de manière à frapper tous les esprits ; c'est, en effet, l'application aux besoins des sociétés modernes d'*une imprimerie nouvelle, instantanée, qui annule les distances* et se complète de l'imprimerie ancienne [1].

Perfectionnements possibles du télégraphe électrique et aperçu des changements de mœurs et d'habitudes qu'ils semblent faire pressentir.

Nous avons jusqu'à présent rejeté avec soin tout écart d'imagination ; nous nous sommes renfermés d'abord dans les étroites limites d'une expérience de quatre années, en ne considérant qu'une vitesse moyenne de 20 signaux par minutes; nous avons ensuite limité jusqu'en 1860 la vitesse de l'imprimerie électrique à 100 lettres par minute. Le moment est donc venu de rechercher qu'elle peut être cette vitesse un jour.

Ce qui frappe le plus, lorsqu'on pratique la télégraphie

[1] Il n'est pas sans intérêt de remarquer que l'usage de la vapeur et de la télégraphie aérienne ont été utilisées à peu près à la même époque, au commencement du siècle. Ces deux découvertes ont grandi ensemble, et dès aujourd'hui on ne comprend plus une voie de fer sans une ligne électrique.

électrique, c'est l'insuffisance de l'homme, paralysant une vitesse inouïe, qu'il tient déjà captive, mais qu'il doit limiter pour la rendre utile [1].

La vitesse de la télégraphie électrique, telle qu'elle existe aujourd'hui, ne peut dépasser une certaine limite, car l'œil qui doit distinguer les signaux et la main qui doit les écrire s'opposent à une grande vitesse.

Mais déjà l'imprimerie électrique existe et laisse un vaste champ ouvert aux perfectionnements et à l'imagination, avant d'arriver aux limites du possible.

On comprend, en effet, une machine qui imprime 100, 200, 500, même 1,000 lettres par minutes.

Un télégraphe imprimant 200 lettres ou 40 mots par minute, donne 2,400 mots par heure.

C'est transmettre par le télégraphe aussi vite et plus vite que l'on écrit.

Un télégraphe imprimant 300 lettres ou 60 mots par minute, donne 3,600 mots par heure.

C'est transmettre par le télégraphe *aussi vite que l'on parle.*

Rien n'empêche donc de comprendre et même d'attendre des perfectionnements qui donneront aux transmissions télégraphiques, d'abord la vitesse de l'écriture ordinaire, et, plus tard, la vitesse de la parole [2].

A cet énoncé, la pensée elle-même s'étonne et se refuse presque à suivre cette vitesse merveilleuse, qui peut la

[1] La vitesse présumée du courant électrique est de 80 à 90 mille lieues par *seconde.*

[2] Dans la pratique on n'aura pas besoin de 200 ou de 300 lettres par minute, car on peut créer un langage abrégé reproduit par le télégraphe; supposer une grande habileté aux agents télégraphiques pour le jeu de la machine et une excellente mémoire fortifiée par l'usage journalier de la langue abrégée.

transporter instantanément dans tous les points du globe avec la rapidité de la parole.

Le siècle, qui donnera naissance à ce perfectionnement et qui saura le généraliser, différera autant par ses mœurs et ses habitudes du siècle où nous vivons, que notre civilisation diffère de la civilisation du XIVe siècle.

Toutes les hypothèses sont donc permises et un champ immense est ouvert à toutes les imaginations.

La première pensée de chacun se porte déjà sur ces conversations que le télégraphe permet d'établir entre Paris, Londres, Bruxelles, Vienne, Berlin et Saint-Pétersbourg, tout aussi facilement que l'on cause aujourd'hui dans un salon ; sur un langage télégraphique abrégé, commun à tous les peuples, et faisant partie de l'éducation de la jeunesse [1].

La télégraphie électrique semble donc avoir pour mission d'abattre les barrières qui séparent les peuples entre eux et de les rendre tous solidaires d'une même civilisation. Faisons des vœux pour que cette civilisation, sans cesse victorieuse de sa lutte contre la barbarie, poursuive de siècle en siècle sa marche progressive, propage les idées saines et morales, et diminue progressivement les maux de l'humanité.

[1] L'impression alphabétique du télégraphe reproduit les lettres ordinaires ; elle n'a donc rien de secret, pas plus que la manière abrégée dont on peut s'en servir.

Ces abréviations, étant portées à la connaissance du public, simplifieraient grandement le travail. Au lieu de copier les dépêches, il suffirait de remettre simplement les *imprimés obtenus par le télégraphe.*

Chacun pourrait alors traduire et lire les lettres qu'il reçoit, comme on lit aujourd'hui les lettres ordinaires.

RÉCAPITULATION.

Lignes électriques en 1849.

Journal électrique. . . . 2 fils. 7 villes, 10,000 mots par jour,
3,650,000 m. par ville et par an.

Correspondance électrique. 3 fils. 1,050 dépêches par jour [1],
383,205 dépêches par an.
3 fils supplémentaires.

8 fils.

Lignes électriques en 1850.

Journal électrique. . . . 2 fils. 19 villes, 10,000 mots par jour,
3,650,000 m. par ville et par an.

Correspondance électrique. 3 fils. 3,000 dépêches par jour,
1,095,000 dépêches par an.
3 fils supplémentaires.

8 fils.

Lignes électriques en 1860.

Journal électrique. . . . 2 fils. 300 villes, 50,000 mots par jour,
18,250,000 m. par ville et par an.

Correspondance électrique. 10 fils. 613,500 dépêches par jour,
223,927,500 dépêches par an.
5 fils supplémentaires.

17 fils.

Poste électrique. 5 fils. 306,750 dép. par jour, 111,963,750 par an.

Administration. 5 fils. 306,750 dép. par jour, 111,963,750 par an.

[1] Toutes les dépêches ont 50 mots.

CHAPITRE V.

DÉPENSES GÉNÉRALES POUR L'ÉTABLISSEMENT DES LIGNES ÉLECTRIQUES.

La construction d'une ligne électrique, *avec cinq fils de fer,* tout compris, achat des fils et des appareils, pose des fils, bâtiments pour les directions, etc., coûte de 5 à 6,000 fr. la lieue (4 kilomètres), soit 6,000 fr.

La ligne une fois construite, la pose d'un nouveau fil revient de 6 à 700 fr. par lieue (4 kilomètres) tout compris. Soit 700 fr.

Lignes existantes en 1849.

Les deux lignes actuelles de Paris à Rouen, de Paris à Calais, ont un parcours de 135 lieues environ. La ligne du Nord a quatre fils sur presque tout son parcours. La ligne de Rouen en a deux. La pose d'un fil sur toute la longueur de la ligne coûte 106,500 fr. En complétant huit fils sur le ligne entière, la dépense totale est de 505,600 fr.

Pose d'un fil.	106,500 fr.
Ligne complète (8 fils).	505,800 fr. [1]

Lignes à construire en 1850.

Les dépenses pour l'établissement d'une ligne électrique de huit fils sur une étendue de 250 lieues représentant, à

[1] Le gouvernement diminuera le chiffre de ses dépenses d'*un tiers* probablement, par les offres des compagnies des chemins de fer qui ont le plus grand intérêt à se servir du télégraphe. La compagnie du chemin de fer du Nord a déjà bâti à ses frais les directions de Lille et de Calais, et donné 20,000 francs pour la construction de la ligne électrique de Lille à

peu près, la longueur totale des chemins de fer en activité de service, qui n'ont point de lignes électriques, se résument comme il suit :

Ligne de 5 fils.	1,500,000 fr.
Ligne de 3 fils supplémentaires. . . .	525,000 fr.
Ligne complète (8 fils).	2,025,000 fr.

Il est utile de remarquer que le gouvernement en établissant une ligne de deux fils pour son usage sur les 250 lieues que nous considérons, devra dépenser près de 4,000 francs par lieue, c'est-à-dire un million. Ce n'est donc pas 2,530,800 francs que l'établissement de la poste électrique doit coûter à l'État, mais seulement 1,530,800 fr.

Ainsi la dépense extrême que le gouvernement doit faire en 1849 et 1850 pour avoir un réseau électrique de 385 lieues avec 8 fils, se monte à 1,530,800 fr. pour la télégraphie du public, et à un million pour la télégraphie du gouvernement[1].

Dépense en 1849.	505,800 fr.
Dépense en 1850.	2,025,000
Dépense totale.	2,530,800 fr.

Calais. Elle se sert de deux fils dont l'usage lui a été accordé par l'administration télégraphique, d'après un arrêté du ministre de l'intérieur.

Voici le détail du calcul des dépenses pour compléter l'établissement de huit fils :

De Paris à Lille, distance 69 lieues	1 fil.	60,300 fr.		
	4 fils.	. . . .	241,200 fr.	
De Lille à Calais, id. 24 id.	1 fil.	16,800 »		
	6 fils.	. . . .	100,800	
De Douai à Valenciennes, id. 9 id.	1 fil.	6,300 »		
	4 fils.	. . . .	25,200	
De Paris à Rouen, id. 33 id.	1 fil.	23,100 »		
	6 fils.	. . . .	138,600	
135 lieues.		106,500 fr.	505,800 fr.	

[1] Nous avons vu combien sont restreints les services qu'une ligne d'un télégraphe rend à l'État, comparativement à ce qu'il peut attendre

Dépenses du personnel.

Les dépenses du personnel vont être calculées par direction, d'après les traitements actuels de la télégraphie. On doit distinguer dans les calculs les directions extrêmes et les directions intermédiaires. Ces dernières ont un personnel d'employés inférieurs double de celui des premières : elles en ont quelquefois davantage. Quant au personnel des directeurs, il reste toujours le même.

Le gouvernement dépense en ce moment pour un *seul fil* et pour sa télégraphie de jour :

Direction extrême.	7,425 fr.
Direction intermédiaire.	9,250 fr.

L'établissement du service de nuit pour le *même fil* doit revenir à :

Direction extrême.	6,012 fr. 50 c.
Direction intermédiaire. . . .	6,925 fr.

Par conséquent une télégraphie de jour et de nuit pour un seul télégraphe doit coûter :

Direction extrême.	13,437 fr. 50 c.
Direction intermédiaire. . .	16,175 fr. [1]

d'une ligne de huit fils. Il est donc inutile d'insister à ce sujet. Il suffit de rappeler que l'État, sans parler de l'avantage de créer une télégraphie de jour et de nuit à son usage, doit réaliser très probablement des recettes égales aux dépenses du personnel, et même des bénéfices dans peu d'années.

[1] Chaque direction est composée comme il suit :

Direction extrême.

1 directeur	5000 fr. »	(le jour) 7425 fr. »
2 employés à 2 fr. 50	1825 »	
1 planton	600 »	
1 directeur	4500 fr. »	(la nuit) 6012 fr. 50
1 employé à 2 fr. 50	912 50	
1 planton	600 »	
7 employés	13,437 fr. 50	

Direction intermédiaire.

1 directeur	5000 fr.	(le jour) 9250 fr.
4 employés à 2 fr. 50	3650	
1 planton	600	
1 directeur	4500 fr.	(la nuit) 6925 fr.
2 employés à 2 fr. 50	1825	
1 planton	600	
10 employés	16,175	

En reproduisant le même nombre d'employés par fil pour le service de nuit et de jour, c'est-à-dire 3 employés par direction extrême et 6 employés par direction intermédiaire, on arrive au tableau suivant :

Direction extrême.

7 employés.	1 fil, service du gouvernement. . .	13,437 fr. 50 c.
6 —	2 fils, service du journal.	5,475
6 —	2 fils, service de la poste électrique.	5,475
19 employés.	Total. . . .	24,387 fr. 50 c.

Direction intermédiaire.

10 employés.	1 fil, service du gouvernement.	16,175 fr.
12 —	2 fils, service du journal.	10,950 fr.
12 —	2 fils, service de la poste électrique. . .	10,950 fr.
34 employés.	Total. . . .	38,075 fr.

Lignes existantes en 1849.

Ce réseau renferme sept villes. Ces sept villes donnent 4 directions extrêmes dont deux à Paris aux gares de Rouen et du Nord, et 4 directions intermédiaires [1].

Le total des dépenses du personnel s'élève donc à 249,850 francs qui se distribuent comme il suit pour les divers services :

1 fil, service de l'État.	Le jour.	66,700 fr.	118,450 fr.
	La nuit.	51,750 fr.	
2 fils, service du journal électrique.			65,700 fr.
2 fils, service de la poste électrique.			65,700 fr.
Total.			249,850 fr.

[1] La gare de Rouen n'a pas encore de direction télégraphique, mais il existe un bureau télégraphique à la gare du Nord, avec un directeur et deux employés de l'administration télégraphique que l'État a mis à la charge de la compagnie, ainsi que deux employés à Amiens, Arras, Lille et Valenciennes.

Lignes construites en 1850.

Nous avons vu que ce réseau renferme Paris et 18 villes de province. Paris a 4 bureaux télégraphiques ou directions extrêmes. Le nombre des directions extrêmes s'élève à 14 et celui des directions intermédiaires à 8, plus deux bifurcations d'Orléans à Bourges et de Douai à Valenciennes. La dépense totale du personnel est de 646,025 francs qui se distribuent comme il suit entre les divers services :

1 fil, service de l'État.	Le jour.	177,950 fr.	317,525 fr.
	La nuit.	139,575 fr.	
2 fils, service du journal électrique.			164,250 fr.
2 fils, service de la poste électrique.			164,250 fr.
Total.			646,025 fr.
Pour les deux bifurcations.			27,375 fr.
Total général.			673,400 fr.

Telles devront être à peu près les dépenses du personnel pour le réseau complet de 1850, renfermant les lignes existantes et les lignes à construire, *sans tenir compte du personnel payé par les compagnies*, et que le gouvernement peut utiliser.

Recettes possibles.

Nous allons donner tout d'abord le chiffre des recettes possibles sans distinction de service ; c'est-à-dire prendre le chiffre maximum représentant le nombre des dépêches sur les trois réseaux que nous avons considéré et les multiplier par le prix moyen des dépêches suivant le tarif. Pour être toujours en dessous de la vérité, et présenter des résultats plutôt trop faibles que trop forts, nous prenons *cinq francs* pour le prix moyen des lettres.

Lignes existantes.

Les cinq télégraphes donnant 1,750 dépêches par jour produisent :

Recette journalière.	8,750 fr.
Recette annuelle	3,193,750 fr.

Lignes construites en 1850.

Les cinq télégraphes produisent 5,000 dépêches par jour, et l'on a :

Recette journalière.	25,000 fr.
Recette annuelle.	9,125,000 fr.

Réseau construit en 1860.

Les cinq télégraphes produisent 51,250 dépêches par jour, et l'on a :

Recette journalière.	256,250 fr.
Recette annuelle.	93,531,250 fr.

Ainsi sur ces trois lignes et suivant leur longueur le maximum des recettes possibles, pendant l'année, s'élève successivement à 3 millions, à 9 millions et à 93 millions et demi.

Recettes probables.

Les recettes réelles que l'on peut chercher à prévoir seront bien loin des chiffres énormes que nous venons de déterminer. Ces chiffres prouvent cependant que les recettes télégraphiques sont en quelque sorte illimitées et qu'elles n'ont pour limite que les besoins du public.

Il est donc très important de faire connaître et d'utiliser le plus tôt possible la correspondance électrique. La publication d'un journal électrique, et la correspondance administrative électrique, sans parler des autres avantages qu'ils procurent à la société, semblent les meilleurs moyens de parvenir à ce but.

Nous laissons à l'expérience le soin de faire connaître, tous les ans, les recettes fournies par le télégraphe ; nous allons seulement rechercher le nombre de dépêches que les deux premiers réseaux devraient produire par jour, pour arriver à solder toutes les dépenses de la télégraphie électrique.

Lignes existantes.

Admettons successivement que le nombre de dépêches soit de 100 et ensuite de 200 dépêches par jour.

Nous avons dans le premier cas :

Recette journalière.	500 fr.
Recette annuelle.	182,500 fr.

avec cette somme, le gouvernement paye l'établissement du journal et de la poste électrique, plus une partie de sa télégraphie de nuit.

Nous avons dans le second cas :

Recette journalière.	1,000 fr.
Recette annuelle.	365,000 fr.

c'est-à-dire plus de 180 mille francs de bénéfice sur les dépenses du personnel qui sont de 249,850 fr.

Lignes construites en 1850.

Supposons que dans ce nouveau réseau le nombre de lettres varie de 200 à 400 par jour.

La première hypothèse nous donne 365,000 fr. dans l'année, c'est-à-dire qu'elle suffit à payer plus de la moitié de toutes les dépenses du personnel qui s'élèvent à 673,400 fr.

La seconde hypothèse nous donne :

Recette journalière.	2,000 fr.
Recette annuelle.	730,000 fr.

c'est-à-dire plus de 56 mille francs de bénéfice.

Ces chiffres parlent trop éloquemment pour insister davantage. Il suffit de remarquer seulement qu'une ligne de cinq télégraphes et de trois fils supplémentaires est suffisante pour les premiers essais de la poste électrique, et peut donner des bénéfices assez considérables. Le personnel ne sera donc augmenté que lorsqu'il ne pourra plus suffire au service, *c'est-à-dire lorsque les lignes électriques seront déjà une source de revenu pour le Trésor public.*

Nous voyons, par tout ce qui précède, que les dépenses d'établissement des lignes électriques avec un ou deux fils pour le service de l'État seulement, représentent à peu près la moitié des dépenses totales, et qu'il en est encore de même pour les dépenses du personnel.

Ainsi le gouvernement, avec une dépense double de celle qui lui est impérieusement commandée pour son service, constitue une ligne électrique de 5 fils, plus 3 fils supplémentaires. Comme nous l'avons vu (note 2), cette ligne donne au moins un travail vingt fois plus considérable que la ligne d'un seul télégraphe.

Reste une dernière objection. On peut supposer que la compagnie anglaise ne fait pas des recettes considérables, et que, loin de réaliser des bénéfices, elle fait des pertes d'argent tous les ans; et en déduire par analogie qu'il en sera de même de la télégraphie française.

Nous pourrions répondre qu'on n'a rien de positif à cet égard; que la compagnie anglaise n'a pas fait connaître le chiffre de ses recettes et de ses dépenses; qu'elle construit sans cesse des lignes nouvelles, preuve évidente qu'elle a confiance dans sa spéculation ; et qu'avant de porter un jugement sur une expérience nouvelle, il faut attendre la sanction du temps : cependant nous ne dirons rien de semblable, nous admettons complétement, au contraire, que la compagnie anglaise est en perte et nous prenons son silence comme un indice certain que le chiffre des recettes n'atteint pas le chiffre des dépenses.

Mais le chiffre des recettes ne nous est pas connu. S'il l'était, il est présumable qu'il solderait avec grand bénéfice toutes les dépenses de la télégraphie française. Le gouvernement doit, en effet, réaliser des bénéfices avec des recettes bien inférieures à celles qui mettent la compagnie en perte, car elle a dû créer un personnel nombreux, faire de grandes dépenses pour le matériel et l'établissement des lignes; elle a de plus fait construire à grands frais un édifice superbe. On reste en dessous de la vérité en portant le chiffre des dépenses totales de la télégraphie anglaise à 15 millions de francs. On voit donc déjà combien les recettes d'une compagnie mercantile doivent être différentes des recettes que peut demander le gouvernement français qui dépense 1,200 mille francs par an pour son service télégraphique et qui a un personnel tout formé.

Nous devons observer encore que le tarif anglais est exorbitant et doit nuire nécessairement au développement de la télégraphie anglaise.

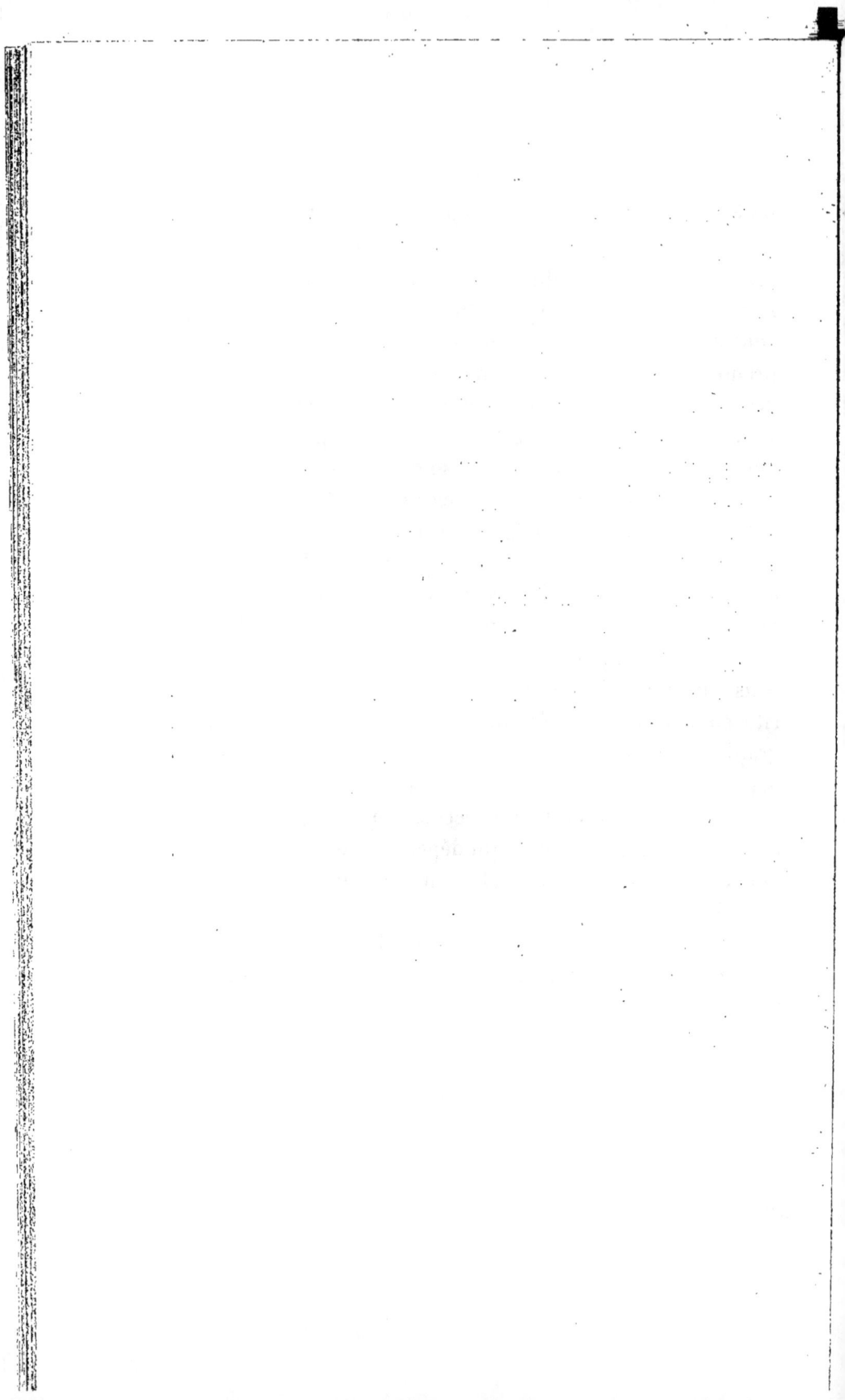

NOTES.

Note 1, page 13.

La vitesse du langage alphabétique est supérieure à celle du langage secret, car elle gagne le temps qu'il faut employer à la composition et à la traduction des signaux. L'usage du langage alphabétique présente encore l'avantage de rendre la traduction sûre et facile, malgré les fautes que l'on peut commettre. Mais la principale raison qui doit le faire adopter dans la correspondance privée, c'est l'économie qu'il réalise sur le personnel des directeurs. Deux ou trois directeurs peuvent suffire à diriger ce service avec le langage alphabétique. Si le langage secret était adopté, neuf ou dix directeurs par direction seraient impuissants à faire le même travail.

Note 2, page 27.

Il est aisé de prouver par un autre calcul que ce résultat maximum de 1,750 dépêches par jour, n'est point exagéré. Il suffit pour cela de considérer le travail que peut fournir cette ligne unique de Rouen à Calais et à Valenciennes par un arrangement de fils faisant fonctionner la ligne sur tous les points à la fois, en reproduisant les nombre de dépêches que l'on a eues à transmettre dans la journée; ce qui donne évidemment un cas de travail maximum.

Pour suffire à ce travail, supposons donc les fils disposés comme il suit :

Le premier établissant une communication directe de Rouen à Calais, annule tous les intermédiaires et se bifurque d'Arras à Valenciennes.

Le second va directement de Rouen à Valenciennes, et se continue d'Arras à Calais.

Le troisième établit une communication directe de Paris à Lille, se continue de Lille à Calais et d'Arras à Valenciennes.

Le quatrième va directement de Rouen à Arras, en se continuant de la même manière que les précédents.

Le cinquième fait communiquer toutes les villes deux à deux.

Le travail de la ligne se trouve alors détaillé dans le tableau suivant :

1er fil.	Entre Rouen et Calais. . .	100	200 dépêches.
	Entre Arras et Valenciennes.	100	
2me fil.	Entre Rouen et Valenciennes.	100	300 —
	Entre Arras et Lille. . . .	100	
	Entre Lille et Calais. . . .	100	
3me fil.	Entre Rouen et Lille. . . .	100	300 —
	Entre Lille et Calais. . . .	100	
	Entre Arras et Valenciennes.	100	
4me fil.	Entre Rouen et Arras. . .	100	400 —
	Entre Arras et Valenciennes.	100	
	Entre Arras et Lille. . . .	100	
	Entre Lille et Calais. . . .	100	

A reporter. . . . 1,200 dépêches.

	Report. . .		1,200 dépêches.
5me fil.	Entre Rouen et Paris . . .	100	
	Entre Paris et Amiens. . .	100	
	Entre Amiens et Arras. . .	100	
	Entre Arras et Valenciennes.	100	600 —
	Entre Arras et Lille. . . .	100	
	Entre Lille et Calais. . . .	100	
	Résultat maximum de la journée. . .		1,800 dépêches.

Ainsi, le résultat moyen obtenu précédemment n'est point exagéré puisqu'il est plus faible que celui que nous venons d'obtenir. Le premier maximum obtenu a donné 1,750 dépêches, le second en donne 1,800.

C'est ici que l'avantage du télégraphe à un fil sur le télégraphe à deux fils apparaît dans toute son importance..

Avec les machines à deux fils, la ligne n'a plus que trois télégraphes, deux avec deux fils, un avec un fil. La ligne entière ne peut transmettre que les dépêches qu'ont transmis les trois premiers fils, c'est-à-dire 800 au lieu de 1,800. C'est une perte de mille dépêches par jour. En tenant compte de la vitesse supérieure des deux premiers télégraphes (un quart environ), on regagne à peine 100 dépêches; la perte est donc toujours énorme.

Elle serait bien plus grande encore si, avec les machines à deux fils, on conservait le mode de transmission du télégraphe aérien qui consiste à passer par les villes intermédiaires pour arriver au point extrême où la dépêche doit parvenir; alors toute la ligne fatigue, et met souvent tous ses employés en mouvement, pour faire le travail que deux seuls employés peuvent faire en transmettant directement. De plus, ce travail se complique de toutes les difficultés d'exécution qui doivent nécessairement augmenter avec le nombre des stations télégraphiques.

L'examen du tableau nous donne la mesure de la fatigue de la ligne. Le premier fil donne directement entre Rouen et Calais

100 dépêches ou 5,000 mots et ne demande que deux employés, un à Rouen, l'autre à Calais.

Mais si les 100 dépêches arrivent de ville en ville jusqu'à Calais, elles se reproduisent à chaque ville intermédiaires au moyen de deux employés par ville intermédaire. Entre Rouen et Calais il y a cinq intermédiaires, de sorte que les 100 dépêches se répètent 5 fois. On transmet donc 500 dépêches pour n'obtenir qu'un résultat utile de 100 dépêches. C'est absolument faire le travail du 5ᵉ fil pour obtenir le résultat utile du premier.

De plus, le travail est fait ici par *douze employés* au lieu *de deux*.

Cette faculté de disposer les fils, d'après les besoins du service, est donc infiniment précieuse. Elle économise un personnel nombreux en simplifiant le travail, et elle augmente la puissance des lignes électriques de plus de moitié.

Ce sont ces considérations qui nous ont amené à n'établir que des télégraphes à un fil.

Elles nous ont encore conduit à ne former aucune ligne électrique avec moins de cinq fils ou cinq télégraphes. Plus tard on arrivera à avoir deux fils par direction, pour qu'il soit toujours possible de transmettre et de recevoir en même temps [1]. Sur la ligne de Paris à Calais et Valenciennes, par exemple, on aurait douze fils. Cinq porteraient les dépêches de Paris vers le nord ; cinq autres transmettraient de Calais et Valenciennes vers Paris dans le sens opposé; les deux derniers fils seraient réservés pour la police de la ligne et les communications de ville voisine à ville voisine.

[1] En Allemagne ce système est déjà adopté.

Note 3, page 32.

Pour que la ligne de cinq fils puisse donner tout ce qu'elle promet, il faut qu'elle soit toujours dans un état de conservation parfaite. On doit donc prévoir les accidents et les cas les plus défavorables au service. C'est pour cela que nous ajoutons trois fils supplémentaires, sans augmenter le nombre des employés télégraphiques.

On doit prévoir encore le moment où le nombre de fils devra être plus considérable pour suffire à toutes les exigences et *construire les lignes de manière à avoir au besoin 15 fils au moins.*

Nous ne pouvons mettre en doute l'exactitude des résultats que nous venons d'obtenir et que l'on dépassera même avec un personnel intelligent et habitué à ce genre de travail.

Cette remarque a son importance, car, dans ce moment, le traitement des employés du télégraphe est de 2 fr. 50 par jour, et ne donne pas à l'administration télégraphique le choix qu'elle devrait avoir pour son personnel électrique. Elle a compris la nécessité où elle se trouve d'augmenter ce chiffre et elle doit présenter à l'Assemblée législative un projet pour porter le traitement des employés électriques à 3 fr., 3 fr. 50 et 4 fr. par jour.

Cette augmentation nous paraît d'une nécessité absolue, car les employés intelligents facilitent le service, fournissent jusqu'à 60 lettres par minute, tandis que les autres n'en peuvent donner 30, créent souvent des obstacles à la transmission et ne parviennent pas souvent à comprendre les principes essentiels sur lesquels repose la télégraphie électrique.

APERÇU THÉORIQUE DE LA TÉLÉGRAPHIE.

DE L'ÉLECTRICITÉ APPLIQUÉE A LA TÉLÉGRAPHIE.

Comme il est des personnes qui peuvent désirer connaître la partie scientifique de la télégraphie électrique, nous allons donner ici un exposé rapide de la manière dont l'électricité s'applique à la télégraphie.

On appelle en physique *électricité* un agent qui échappe à la finesse de nos sens, comme à la délicatesse de nos balances et dont les propriétés ne nous sont connues que par induction. Les effets de l'électricité sont de deux ordres et essentiellement distincts suivant qu'elle est en repos ou en mouvement.

C'est l'électricité en mouvement dont on se sert pour obtenir les transmissions télégraphiques.

Depuis la découverte de la pile par Volta, l'électricité en mouvement ou le galvanisme a fait d'immenses progrès et elle est devenue en cinquante ans une des branches les plus importantes de la physique générale. Nous devons donc nous borner ici à ne parler que des phénomènes sur lesquels est fondée la télégraphie électrique, tels sont : *la pile ; la déviation de l'aiguille aimantée par un courant ; l'aimantation du fer sous la même influence ; la propriété conductrice de la terre et les courants d'induction.*

De la pile.

Lorsqu'on plonge dans un liquide convenablement choisi deux plaques de métaux différents (du cuivre et du zinc) réunis par un fil métallique, le phénomène qui se produit dans le fil prend le nom de *courant électrique*.

La plaque de zinc a reçu le nom de *pôle négatif* et la plaque de cuivre celui de *pôle positif*.

Le courant marche toujours dans le liquide du pôle négatif au pôle positif (du zinc au cuivre) ; et inversement dans le fil conducteur qui réunit les pôles, c'est-à-dire du pôle positif au pôle négatif (du cuivre au zinc).

Les piles de Daniel et de Bunsen sont les seules en usage dans la télégraphie française. Nous préférons les premières qui excluent l'emploi des acides : de plus, par une disposition nouvelle due à M. Bréguet, elles durent plusieurs mois sans qu'on ait besoin d'y toucher : avantage précieux dans la pratique.

La pile de Daniel est formée de deux cylindres métalliques (cuivre et zinc) séparés par une vessie ou vase poreux ; le cylindre de cuivre plonge dans une dissolution de sulfate de zinc et celui de zinc dans l'acide sulfurique dilué.

Dans la pile de Bunsen, le cuivre est remplacé par un cylindre de charbon qui plonge dans de l'acide nitrique. Le cylindre de zinc plonge dans un vase poreux renfermant de l'acide sulfurique étendu d'eau. Cette pile est la plus puissante de toutes.

Tout le monde sait qu'une aiguille aimantée, suspendue librement, se dirige du sud au nord, mais que soumise à l'influence d'un courant, elle dévie de sa position première pour y revenir aussitôt que le courant cesse.

C'est ce phénomène que M. Ampère a caractérisé d'une manière frappante et ingénieuse, en supposant un petit homme couché sous l'aiguille dans la direction du courant (qui le traverse *des pieds* à la tête), et dirigeant sans cesse sur la gauche la pointe de l'aiguille qui regarde le nord.

Des aimants.

Un aimant a la propriété d'attirer le fer, et l'on donne le nom de pôle aux deux extrémités de l'aimant, en raison de leur grande énergie d'action, eu égard à celle des autres parties. Le pôle boréal est celui qui regarde le sud, le pôle austral celui qui regarde le nord. Si l'on approche l'un de l'autre deux aimants librement suspendus, on remarque que les pôles de même nom se repoussent et que les pôles de nom contraire s'attirent.

Un barreau en fer devient un véritable aimant et reçoit le nom d'*électro-aimant*, lorsque, étant entouré d'un fil métallique, un courant parcourt le fil. Le morceau de fer reste aimant tout le temps que le courant persiste.

De l'aimantation du fer.

M. Arago ayant roulé en hélice un fil recouvert de soie, de manière à former un cylindre creux et ayant fait passer un courant dans ce fil, remarqua le premier qu'une aiguille d'acier, introduite dans le cylindre, devenait aimant, et que le même phénomène avait lieu lorsque l'aiguille était remplacée par un morceau de fer.

Il observa encore que l'aimantation de l'acier était *permanente*, mais que l'aimantation du fer n'était que *temporaire*.

Ces faits sont le point de départ des travaux remarquables exécutés en Angleterre, en Allemagne et en France, et qui ont conduit à l'établissement des télégraphes électriques.

Nous venons de voir qu'un courant qui circule dans un fil roulé en hélice, sur un morceau de fer, donne au fer toutes les propriétés d'un aimant : on peut observer encore que, réciproquement, un aimant approché du morceau de fer fait naître un courant dans le fil qui l'entoure.

Ce courant, que l'aimant développe dans le fil, a été appelé, par M. Faraday, qui l'a découvert, courant d'induction. Cette découverte a jeté les bases de l'électro-magnétisme, nouvelle branche de la physique dans laquelle ce savant s'est illustré, ainsi qu'après lui le professeur Henri à Philadelphie, Lentz et Jacobi en Russie.

Les courants d'induction ont été la source d'une infinité d'instruments ingénieux avec lesquels on reproduit tous les phénomènes de la pile : décomposition des corps, actions physiologiques, calorifiques, etc.

Tels sont les faits qui ont permis d'appliquer l'électricité à la télégraphie. Il est inutile de dire qu'il existe plusieurs sortes de télégraphes électriques, qui doivent nécessairement varier suivant que l'on applique à la télégraphie l'un ou l'autre des phénomènes que nous venons de signaler.

Le premier télégraphe électrique est celui de Schweiger.

Il est fondé sur la propriété que possède un courant de dévier de sa position de repos une aiguille aimantée librement suspendue, *proportionnellement au nombre de tours* que le courant forme autour de l'aiguille, en suivant les sinuosités du fil qui l'entoure un plus ou moins grand nombre de fois.

On appelle multiplicateur l'instrument qui sert à dévier l'aiguille aimantée et qui lui fait décrire un angle déterminé constamment le même.

Ainsi, une pile placée dans une station faisait décrire à l'aiguille un angle plus ou moins ouvert suivant le multiplicateur dont on faisait usage à la station opposée. L'aiguille restait inclinée tout le temps que le courant subsistait, et reprenait sa position première dès que le courant était interrompu.

C'est ainsi qu'on a pu construire un piano électrique dont chaque touche représentait une lettre par l'inclinaison que prenait l'aiguille ; mais il fallait un fil et un multiplicateur pour chaque lettre, et, par suite, 24 fils pour les 24 lettres.

On économisait un grand nombre de fils par diverses combinaisons des aiguilles, deux à deux, trois à trois, etc. Mais cette disposition avait l'inconvénient d'exiger une attention trop soutenue, et n'a pas tardé à être abandonnée.

On a imaginé d'avoir un cadran fixe où sont gravées toutes les lettres de l'alphabet et portant au centre une aiguille mobile pour indiquer la lettre que l'on veut former. Dans ce cas, il ne s'agit plus que de trouver le moyen de faire marcher l'aiguille et de l'arrêter à volonté.

Pour y parvenir on se sert de la propriété qu'a le fer d'être *aimanté instantanément* par un courant, et de perdre *instantanément* son aimantation quand le courant cesse.

La formation du courant dans un électro-aimant produit l'aimantation ; l'interruption du courant amène la désaimantation.

Ainsi, quand le courant passe dans l'électro-aimant, il lui donne la force d'attirer une tige de fer convenablement placée ; le mouvement que cette tige donne en s'inclinant est utilisé de manière à faire dévier l'aiguille du cadran d'un point fixe et de la porter en face de la lettre A.

Quand le courant est interrompu, l'électro-aimant n'a plus la puissance d'attirer le fer et laisse retomber la tige. Ce mouvement est encore utilisé de manière à porter l'aiguille du cadran de A sur la lettre B.

La lettre C s'obtient ensuite lorsque le courant passe, la lettre D lorsque le courant cesse, et ainsi de suite jusqu'à ce que l'aiguille revienne au point fixe d'où elle est partie, après avoir fait le tour de la circonférence en décrivant des arcs égaux pour passer d'une lettre à la lettre suivante.

On devine déjà la manière de former un mot. Suivons les mouvements de l'aiguille pour écrire, par exemple, le mot FOIX, chef-lieu du département de l'Ariége.

Pour plus de clarté, nous écrivons au-dessous de chaque lettre le nombre de divisions que l'aiguille doit parcourir, à partir du point fixe, pour se porter sur chaque lettre : ce qui donne ($F_6 O_{15} I_9 X_{23}$). Il y a sur le cadran que nous considérons 25 lettres et le point fixe, en tout 26 divisions.

Pour indiquer la lettre F, on fait passer rapidement l'aiguille sur les 5 premières divisions pour l'arrêter suffisamment sur la 6me division.

Il y a eu trois courants successivement envoyés et interrompus, c'est-à-dire six mouvements.

A partir de F, l'aiguille ne s'arrête que sur la 15me division pour désigner la lettre O parcourant ainsi 9 divisions nouvelles. Ces 9 mouvements ont été produits par l'émission de 5 courants et 4 interruptions successives.

Comme l'aiguille tourne toujours dans le même sens, elle doit continuer sa marche jusqu'au point fixe et marcher encore jusqu'à la 9me division pour former la lettre I.

De la 9me division, elle passe à la 23me pour marquer la lettre X; ainsi pour former le mot, l'aiguille a parcouru une fois tout le cadran et 23 divisions.

On indique la fin du mot en remettant l'aiguille sur le point fixe; par conséquent le mot FOIX a fait parcourir à l'aiguille deux fois le cadran, ce qui a demandé 26 courants et 26 interruptions successives imprimant à l'aiguille 52 mouvements successifs.

Un seul fil a suffi pour transmettre le courant du point de départ au point d'arrivée, par conséquent ce télégraphe à lettres se compose d'un seul fil conducteur.

La pile donne le courant, le fil le fait passer du point de départ au point d'arrivée dans l'électro-aimant : l'électro-aimant devenu aimant attire une tige de fer, et ce mouvement fait marcher l'aiguille d'un vingt-sixième de circonférence. Tels sont les faits physiques qui ont servi à la construction du télégraphe à lettres ou à plateau tournant.

Reste à expliquer maintenant les dispositions matérielles des appareils qui, au moyen de l'aimantation et de la désaimantation produite par le courant, font tourner l'aiguille de manière à reproduire précisément la lettre que l'on forme. On place à cet effet (à Paris, par exemple,) un appareil horizontal dit manipulateur. Ce manipulateur porte une roue dentelée ayant 26 divisions égales, la première pour la lettre A, la seconde pour la lettre B, et ainsi de suite jusqu'à la 26me qui est le point de repère. Ces lettres sont gravées autour d'un cercle sur le plan de la roue, et vis-à-vis chaque lettre se trouve un trou un peu au dessus.

Le centre de la roue porte une manivelle qui s'élève, tourne et s'abaisse à volonté, de manière à pouvoir se placer dans un des trous vis-à-vis une lettre, au moyen d'une petite cheville.

La manivelle communique au fil qui réunit les deux stations.

Un ressort appuie sur le bord dentelé de la roue et communique avec un pôle de la pile.

Pour former la lettre A, la manivelle doit quitter le point de repère, s'abaisser dans le trou vis-à-vis de A et tourner jusqu'au point de repère où un arrêt la maintient.

Pendant ce mouvement, le ressort qui appuie sur la roue dentelée a été mis en communication avec le fil qui va de Paris à Amiens, de telle sorte que le courant de la pile de Paris passe dans l'appareil d'Amiens pour porter l'aiguille sur la lettre A.

L'appareil d'Amiens ou le récepteur est composé d'un cadran placé verticalement (comme ceux des pendules ordinaires) où sont les 25 lettres, le point de repère et une aiguille mobile au centre.

On place toujours avant de transmettre l'aiguille du récepteur au point de repère, ainsi que la manivelle du manipulateur.

La manivelle, en mettant la lettre A à la place du point de repère, fait passer un courant dans l'électro-aimant de l'appareil d'Amiens.

En face de l'électro-aimant s'élève une pièce de fer doux ou *armature* placée verticalement et pouvant faire de très petites oscillations autour d'un centre de mouvement plus bas que l'axe de l'électro-aimant.

L'armature porte à sa partie supérieure une petite cheville horizontale qui entre dans une fourchette en forme de triangle appelée *ancre*.

Le courant donne à l'électro-aimant la force d'attirer l'armature et de la faire osciller de manière à incliner l'ancre; et comme l'ancre, dans sa position de repos, appuie contre une dent d'une roue dentée qui tend sans cesse à tourner, il s'ensuit que la roue se met à tourner.

L'axe de cette roue porte une aiguille qui tourne avec elle.

Cette roue et l'aiguille tourneraient sans cesse jusqu'à l'épuisement de la force qui les a fait mouvoir, mais l'ancre est disposée de telle sorte qu'elle arrête la roue dès qu'une dent est passée.

Ainsi, tant que la manivelle reste sur la lettre A, placée au point de repère du manipulateur de Paris l'aiguille d'Amiens reste sur la lettre A.

La manivelle, en conduisant la lettre B au point de repère, interrompt le courant. L'électro-aimant cesse alors d'attirer l'armature qu'un ressort remet à sa position première en inclinant l'ancre dans l'autre sens et en laissant tourner la roue d'une seconde dent : ce qui porte l'aiguille sur la lettre B et ainsi de suite pour toutes les autres lettres, de sorte que, dans cet appareil, les lettres de rang impair sont produites par l'envoi d'un courant et celles de rang pair par l'interruption du courant.

Il est inutile de remarquer que le nombre de divisions peut varier à volonté et donner une grande variété de télégraphes. Le télégraphe de l'État, quoique formé sur le même principe, diffère du précédent d'abord par le nombre des divisions qui ne permettent à la manivelle et à l'aiguille que huit positions différentes, et ensuite parce qu'il se compose de deux manivelles et de deux aiguilles tournant autour d'une même ligne horizontale.

Cette disposition a été imaginée par l'administrateur en chef des lignes télégraphiques, en 1845, et a pour but de former avec ce télégraphe électrique les mêmes signaux que forme le télégraphe aérien, de manière à rendre le même travail possible sur les lignes électriques et sur les lignes aériennes. Ce but a été doublement réalisé, car les machines à deux manivelles reproduisent les signaux actuels de la télégraphie ainsi que les machines à une seule manivelle [1].

On a construit des télégraphes en remplaçant la pile par un aimant ; mais on a préféré généralement l'emploi des piles.

Nous allons terminer par un fait trop remarquable au point de vue scientifique et au point de vue économique dans la construction des lignes pour être passé sous silence.

Nous voulons parler *du passage du courant par la terre.*

On a *appelé circuit* tout courant électrique constitué, c'est-à-dire partant d'un pôle de la pile pour aller rejoindre le second, quelle que soit la forme et la nature du conducteur.

On n'a connu d'abord que les circuits formés par des conducteurs métalliques. Mais il y a environ 50 ans, un physicien fit un circuit composé d'une partie métallique et d'une partie liquide qui était un bras de mer.

[1] Ces machines ont été construites et perfectionnées par M. Bréguet.

Le professeur Steinheil établit un télégraphe à Munich où la terre faisait la moitié du circuit, c'est-à-dire qu'au lieu d'un fil pour aller et d'un autre pour revenir, il n'avait plus qu'un fil *et la terre* pour remplacer le second.

M. Matteucci, à Pise, examina ce phénomène, l'étudia avec soin, et nous eûmes la facilité d'expérimenter, en 1845, de Paris à Rouen, ce qu'il n'avait pu observer qu'à quelques certaines de mètres.

Une expérience de quatre années a parfaitement prouvé aujourd'hui que la terre remplace un fil tout aussi bien de Paris à Rouen, que de Paris à Lille. C'est désormais un fait incontestable et qui doit se reproduire à toutes les distances. La conductibilité de la terre économise donc la moitié du nombre de fils que l'on veut établir sur les lignes électriques.

Quant à la nature du phénomène, nous n'en parlerons pas. Les physiciens sont divisés pour savoir si la terre sert de conducteur ou si elle sert seulement de réservoir.

Pour nous, il est plus commode de comprendre la terre comme un conducteur qui continue le circuit métallique [1].

[1] Afin qu'on ne puisse douter de la possibilité de transmettre par le télégraphe électrique *aussi vite que l'on parle;* il suffit de remarquer ce qui se passe dans la formation des lettres et des mots.

On a obtenu le mot FOIX en imprimant à l'aiguille 52 mouvements, c'est-à-dire 48 *de trop*, puisqu'il n'y a que 4 *mouvements utiles.*

Malgré ce grave inconvénient nous avons plus de 20 lettres par minute, par conséquent des appareils perfectionnés peuvent diminuer le nombre des mouvements inutiles, et arriver à transmettre avec la vitesse de la parole.

FIN.

TABLE

DES MATIÈRES.

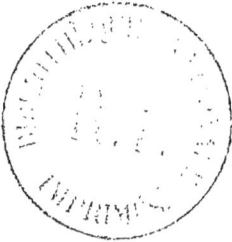

IMPRIMERIE

Imprimerie de Gustave GRATIOT, 11, rue de la Monnaie.

BIBLIOTHÈQUE NATIONALE
R.F.
IMPRIMÉS

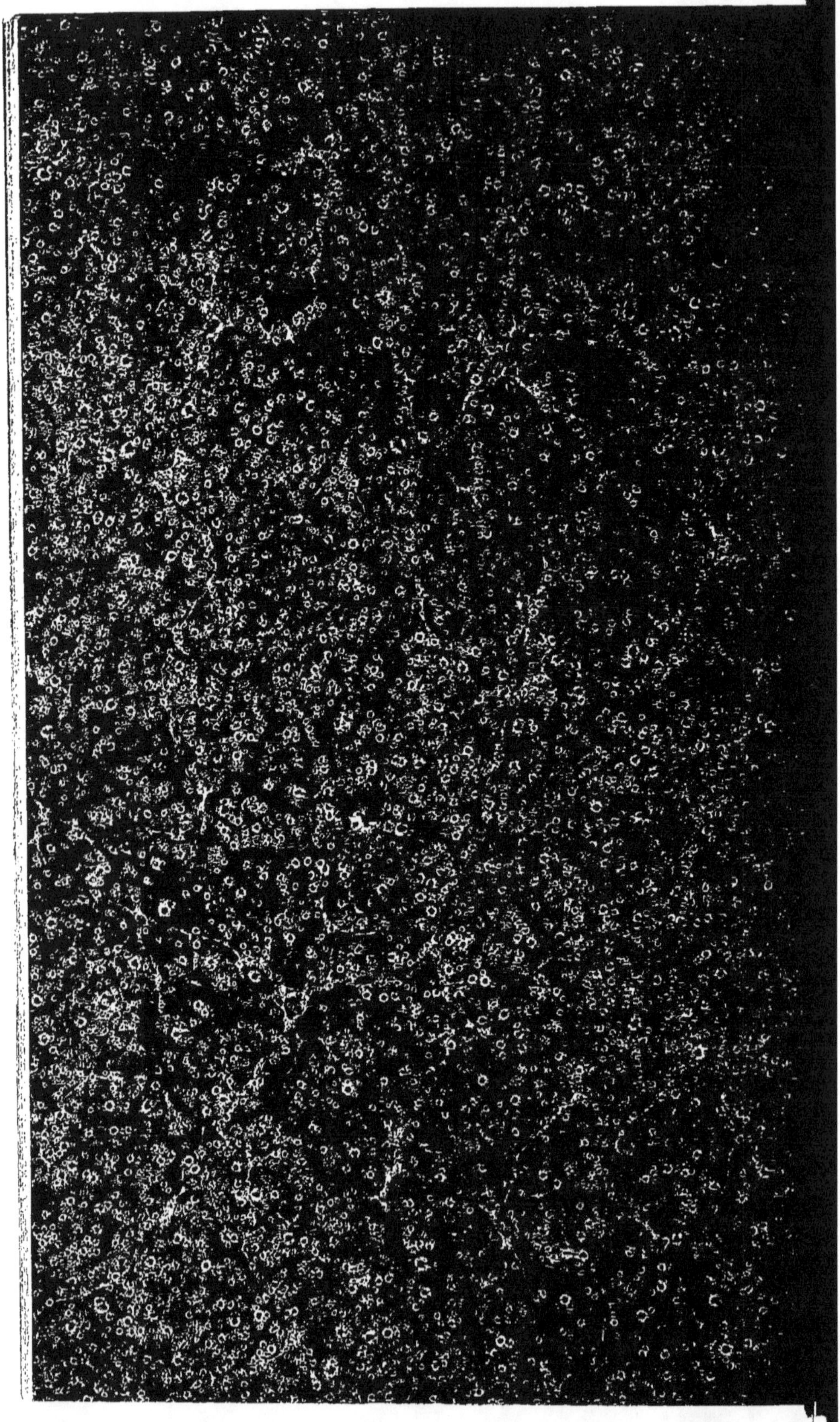

INV
V

BIBLIOTHEQUE NATIONALE DE FRANCE
3 7531 02503137 9

www.ingramcontent.com/pod-product-compliance
Lightning Source LLC
Chambersburg PA
CBHW050607210326
41521CB00008B/1151
* 9 7 8 2 0 1 9 5 5 4 3 5 4 *